U0926854

我们一起探索马的奇妙世界吧！

主　　编 钱　锋 林良徵

马

本册主编　王晓红　孟繁亮

山东城市出版传媒集团·济南出版社

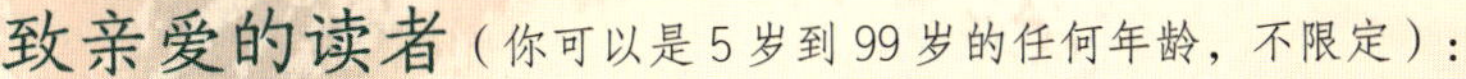

这是一本给所有爱马人的书，所有。

这不是一本养马的书。这也不是一本马的百科全书。

如果要全面了解马的知识，可能十本这样的书也讲不完。

因为，在这个世界上，知识是无穷的，但你可以用思维来破解、串联它们。

所以，再次重申——这本书不是关于马的知识手册，而是激发你的探索热情，赋予你思维的工具，陪你真正破译马与人的关系。

这是一本用时空摄影机追踪马的书。

你可以把它想象成，透过书页可以拉出超长的录像胶卷。过去的、现在的、未来的，某个时空节点中的马，都可能进入书里，与你邂逅。

由于马与人类相伴相知的时间太久，所以我们在编辑时决定，从浩如烟海的历史资料里找出最有代表性的案例，主要根据历史进程的轴线，追踪马和人类每一步的亲密接触，其中不仅有中国的，更有全世界的。

在这本书里，你可以找到52个关于马的大问题。

它们不一定有答案，也可能有不止一个答案。

是什么、为什么、怎么样……所有你可能曾经疑惑的问题，我们层层揭秘。

但是，不要坐等答案。

因为每个大问题下，还有小问题，还有留给你看完书继续去挖掘的问题……

所以，放“马”过来吧！

目录

夏商西周时期

春秋战国时期

秦汉时期

魏晋南北朝时期

隋唐时期

宋时期

元时期

明清时期

近现代时期

马的自然奥秘

什么是马?

马，是很早就被人类驯服的动物，它们大多性情温顺，是和人类最为亲近的家畜之一。

马在动物界的分类

马是一种非常耐劳的草食动物，在几千年前就被人类驯养，培育出了很多的品种。在农业生产、交通运输、军事活动和体育竞技等领域中，都有马的身影。

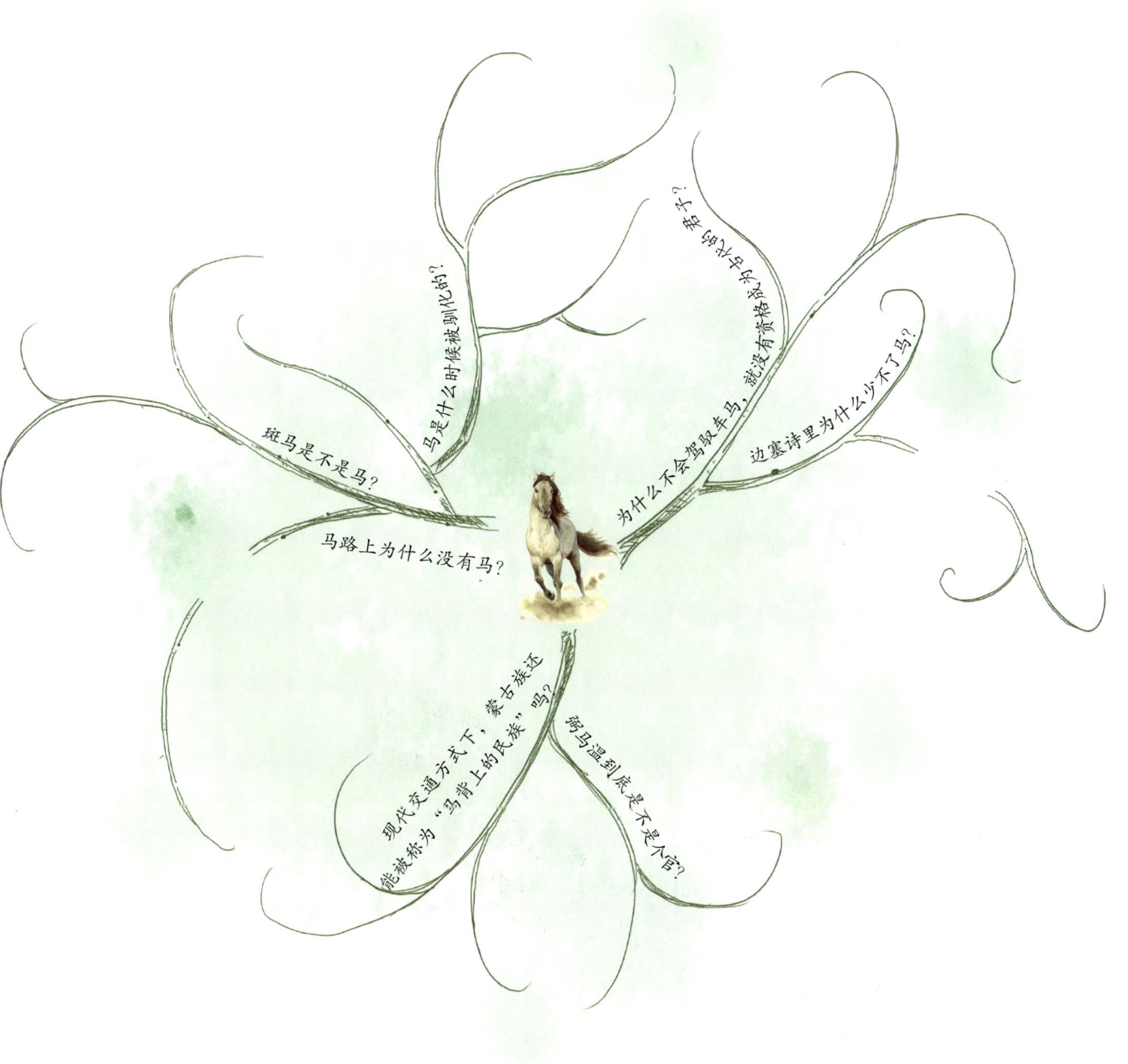

关于马，你心中一定还有好多疑问，赶快把它们记下来吧！

马，你到底长什么样？

不同品种的马，体型上的差异是很大的：重型品种的马，体重可达 1 吨多，身高可以有 2 米多；而最矮小的马身高只有 38 厘米左右，和一条大狗差不多高。

你可能听过有人形容别人脸长，说他长了一张“马脸”。这话虽然不好听，不过马确实是面部长、耳朵短，所以这个形容其实还挺贴切的。

马通常四肢修长，骨骼坚实，肌肉非常发达，马蹄质地坚硬，所以善于奔跑。

马的毛色很复杂，除了常见的黑色、栗色（红马红鬃），还有骝色（红马黑鬃）和青色（或灰色），纯白的比较稀少。

马的汗腺很发达，这能帮它们调节体温，让它们不畏严寒酷暑，容易适应新环境。

马的心肺功能也比较强大，怪不得它们能成为人类理想的坐骑，也能帮助人类完成许多高强度的劳动，譬如拉车、拉犁、拉磨。

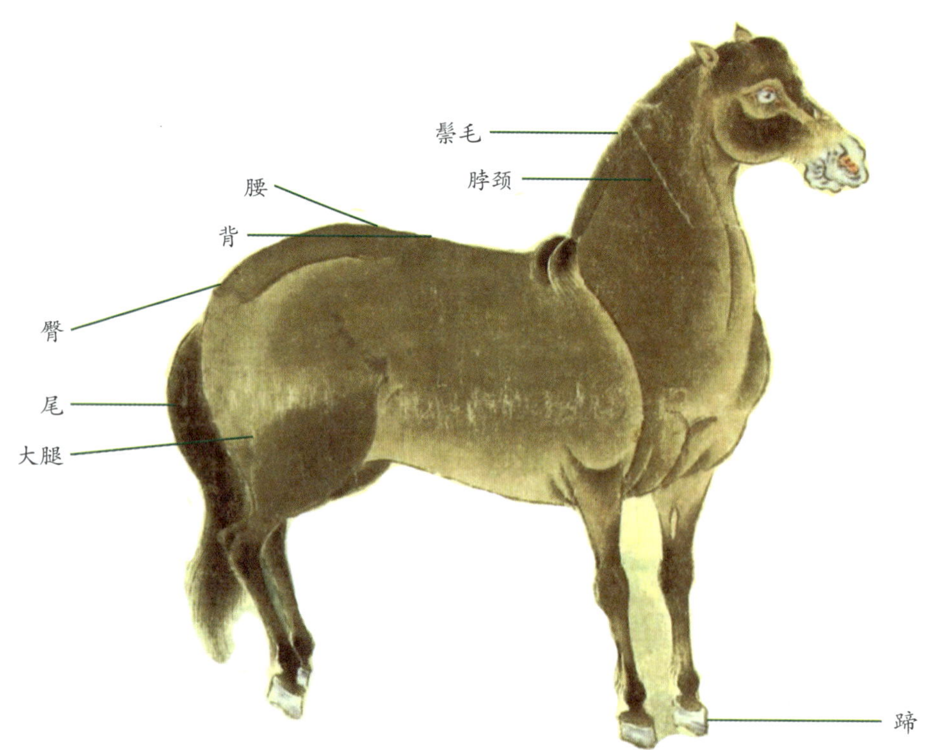

和人类一样，马也有味觉、触觉、听觉、嗅觉和视觉，而且它们的这些感觉比人可要灵敏得多哟。

马的耳朵就好比雷达，时不时转动着，可以接收来自四面八方的声音。马甚至可以让一只耳朵单独转动，所以即使是背后的声音，它们也能敏锐捕捉到。

你知道吗？马的视野范围居然可以达到近360°！因此，它们吃草的时候根本不需要转动头部，就能看清周围的事物。

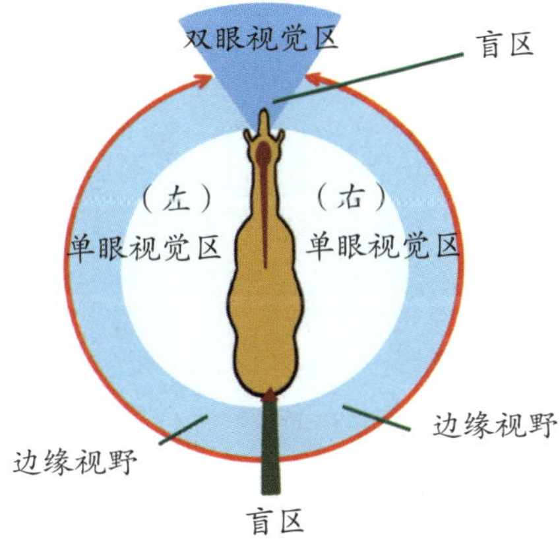

不过，你如果站在马的正后方，那可千万要当心了，因为那里是它的视觉盲区，它压根看不到后面有人。可是，由于它的其他感官能提醒它，有人在它的背后，所以你很有可能会被它狠狠地踹一脚。

马家族里，谁是巨人，谁是小矮人？

夏尔马是世界上体型最大的马种之一。作为英国早期农业、工业进行交通运输的重要工具，它最多可以拉动5吨的重物，实在是大力士！成年夏尔马的肩高大约1.8米，自然站立时头顶高度可达2.4米以上，成年后的体重可以接近1吨！

法拉贝拉马出自阿根廷的法拉贝拉牧场，是世界上体型最小的矮马。其成年后身高只有38厘米左右，体重甚至连10千克都不到。这种马活泼好动，性格温和，与人相处十分和睦，尤其能为孩子带来很多乐趣，是完美的家庭宠物。不过这种马很稀有，全世界范围内，纯种法拉贝拉马的数量不超过2000匹。

法拉贝拉马　　夏尔马

名字里带马的都是马吗？

世界上到底有多少马？

据不完全统计，目前世界上的马匹有7000万匹之多，有300多个品种。其中，仅存的野马是普氏野马，也可以叫作蒙古野马或准噶尔野马。普氏野马有着6000多年的进化史，是我国的国家一级保护动物。世界上最大的普氏野马基地就在中国新疆。

普氏野马

驴和骡，与马有什么关系呢？

驴，经常被叫作“小毛驴”。确实，驴的体型比马和斑马都要小，和威武雄壮不沾边。但它们的耐力很好，吃苦耐劳，所以是人类驮运货物的好帮手。除了体型和马有区别，驴的叫声也和马明显不同，而且跟马比起来，驴不善于奔跑。

驴

骡，马和驴杂交生出来的“孩子”，体型和马接近，叫声像驴。公驴和母马所生的叫马骡，简称骡；公马和母驴所生的叫驴骡。骡有着极好的适应性和抗病能力，人们总是用它们来拉车、驮货。因为是杂交，所以骡没有成对的染色体，也就是说它们没有生育能力，大骡是不能直接生出下一代小骡的。

骡

河马、海马是生活在水里的马吗?

河马，哺乳纲、偶蹄目、河马科杂食性淡水物种，跟鲸鱼、海豚才是近亲。河马（hippopotamus）一词拉丁文的意思是“河中之马”，这是希腊人对这种强悍野兽的称呼。但其实，河马外形上更像猪这类陆地上的偶蹄类动物，所以古埃及人称它为“河中之猪”。

海马，硬骨鱼纲、刺鱼目、海龙科暖海生数种小型鱼类的统称。海马（hippocampus）因头部像马，弯曲与身体近直角故而得名。海马看起来不太像鱼，它有异于鱼类的方形尾巴，这使得它不仅能更好地抵抗外界的挤压和扭曲，还能用尾部紧紧勾住珊瑚的枝节或海藻的叶片。

同样生活在陆地，斑马是不是马呢?

斑马，虽然名字中有“马”，其实是马的“旁系亲属”，是由400万年前的原马进化而来的。斑马是非洲草原的“特产”。而它们最特别的地方在于，任何两头斑马身上的条纹都不可能一样——这是不是让你想起了人类的指纹?

斑马

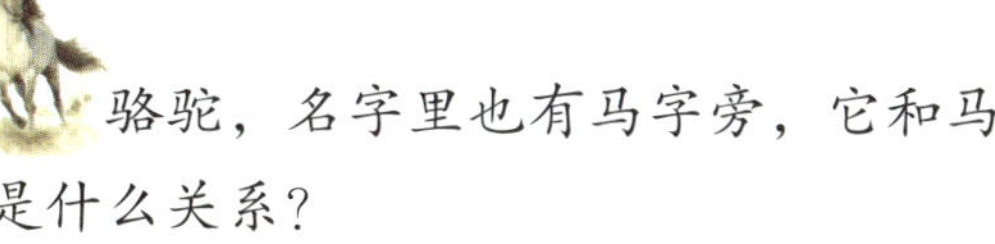

骆驼，名字里也有马字旁，它和马是什么关系?

在中国，马的家乡在何方？

马，家在开阔的平原上，草是它们的主要食物。它们分布虽广，但对生活环境有一定要求，干燥寒冷的气候才是它们最喜欢的。

中国北方

在我国，马匹大多分布在北纬 35° 以北地区，其中四分之三以上的马分布在东北、西北、华北地区，这些地区是我国主要的产马区。这些地区的海拔偏高，草原广布，年降水量较少，空气湿度也不大，适合马生存。难怪，北方的马体型普遍高大健壮。

中国南方

我国西南和东南地区的马匹数量相对稀少，但云南、贵州和四川这三个省份，仍是我国重要的马产区。这些地区常年空气潮湿，日照时间少，马的体型也相对矮小纤瘦。例如广西的德保矮马，身高平均小于 106 厘米，因此被称为“中国矮马”，汉朝时也称其为“果下马”，意为“能在果树下穿行的马”。在山路崎岖、交通不便、大马很难行走的南方山区，矮马即便重物在身，照样行走自如。这些特点最终使得它们成为当地主要的交通运输工具。

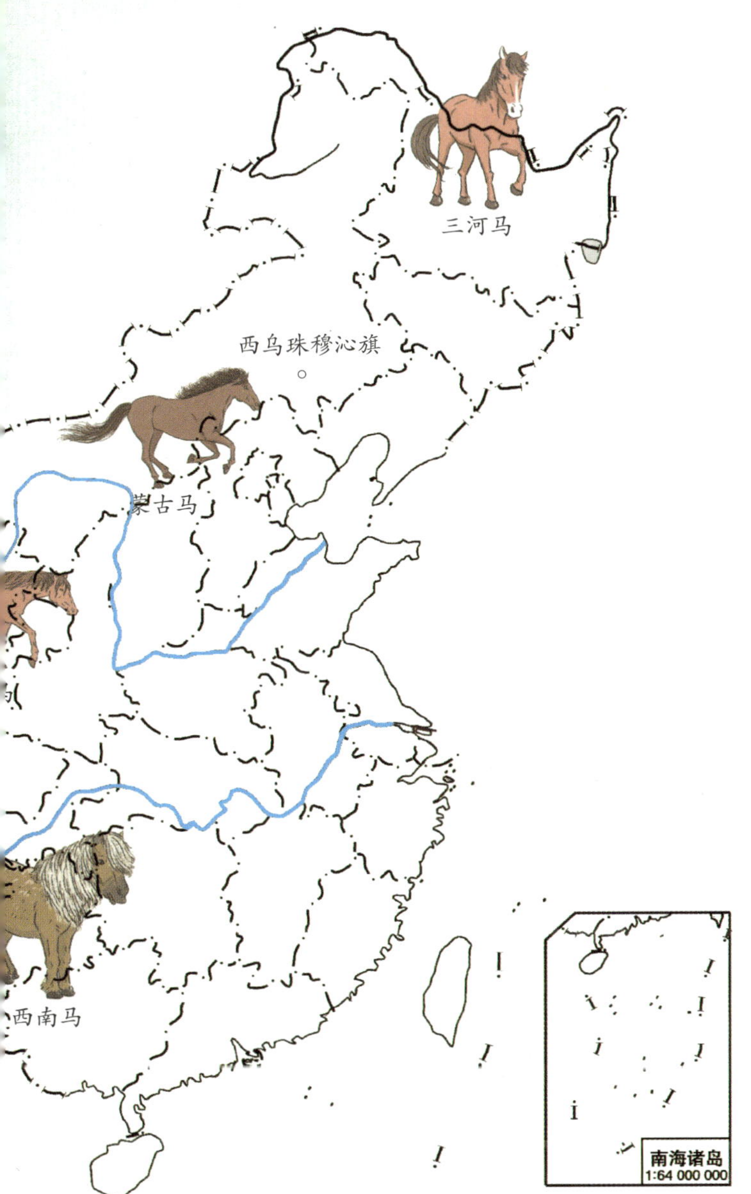

中国白马哪里最多?

内蒙古自治区锡林郭勒盟西乌珠穆沁旗，可以称得上中国白马之乡。这里有白马 6000 多匹，为蒙古马中这一珍贵品种的壮大发挥着积极作用。

蒙古马，是世界上最古老的马种之一，毛色主要以骝、青、黑、栗居多，白色较少。白马，是蒙古马中的珍品。研究表明，乌珠穆沁草原上的白马是蒙古马白马的后代。为此，2012 年西乌珠穆沁旗被中国马业协会认定为“白马基地”。

你知道为什么白马会产在这里吗?

查一查西乌珠穆沁旗的地理、环境、气候等相关资料，试着分析一下西乌珠穆沁旗成为“中国白马之乡”的原因吧。

世界上第一幅马的画

发现时间：1994年。

坐标：法国西南部的大峡谷史前岩洞。

事件：三位法国探险家在洞里的石壁上，发现了令人目瞪口呆的“马面图”壁画。

考古推论：3万年前，先民们用木炭等材料在石壁上作画，画出了包括马、牛、熊等十几种动物的画像。这是目前发现的最早以马为主题的绘画。

世上的第一匹马

考古发现：

1. 始祖马科化石：山东中华原古马、湖南衡阳原厚脊齿马、欧美早期马。

2. 中新世马种：内蒙古锡林郭勒草原的安琪马化石、江苏南京的奥尔良安琪马化石、法国南部的奥尔良马化石。

结论：我国的马种起源不晚于欧美。中国是马的发源地之一。

马是什么时候被驯化的？

马的祖先是谁？

约5000万年前，北美洲生活着一种哺乳动物，体型和狗差不多大，它逐渐进化，最终成了马的祖先，也就是后来科学家命名的“始祖马”。

后来，跟随人类祖先一起，马的祖先也穿越过白令海峡，散布到了欧亚大陆，遍布全世界。

人类什么时候驯化了马？

其实，这是一个循序渐进的过程。刚开始，打猎

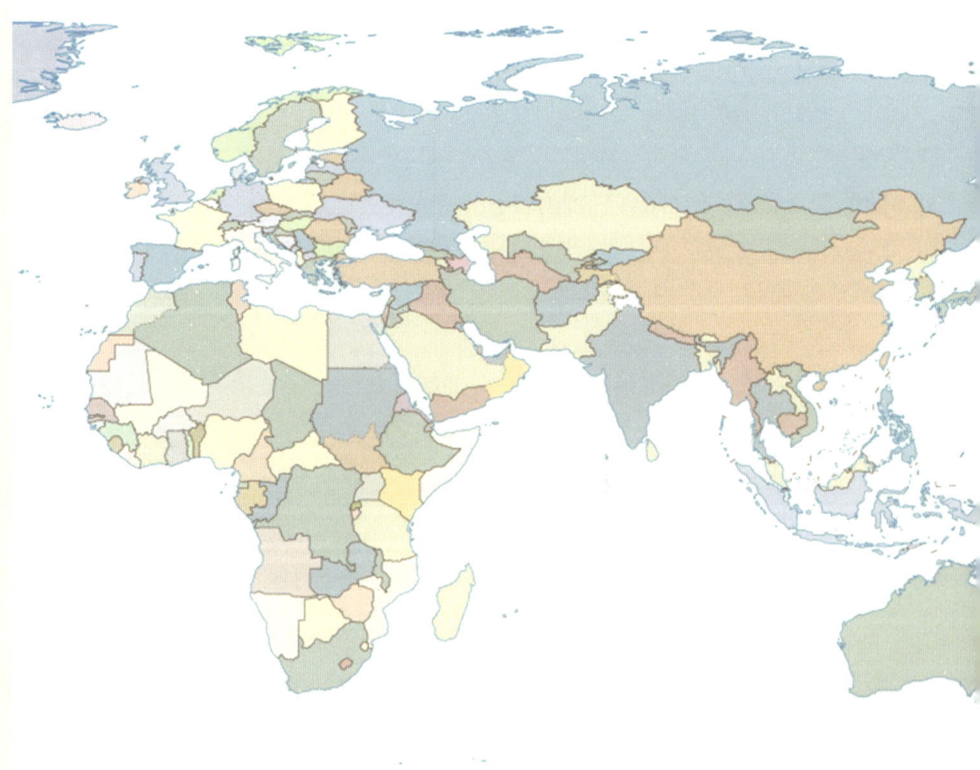

的人们看到野马，只是想抓来吃肉而已。当然，他们偶尔也会活捉一些小马驹，把它们圈养起来，一起生活。直到大约6000年前，人们开始学会照料马的吃喝拉撒，控制马的行为活动，这时才能说，人类完成了对马的驯化。从此，养马变得越来越普遍。

人用了什么方法驯化马呢？可以肯定，一开始，人们想要控制住野惯了的马，就需通过一些暴力手段，比如鞭打。但随着马在人类生活中发挥的作用越来越重要，人们逐渐认识到不能单靠强力手段，必须了解马的习性，只有把它照顾好了，它才能更听话。

对了，斑马为什么到现在也没有被驯化呢？那是因为，斑马长期生活在非洲草原，经常与狮子等猛兽对峙，具有极高的警惕性和攻击性。据统计，斑马咬伤人的事件比猫科动物还要多！看来，野性难驯这个说法是很有道理的，除非改变大环境。

如果你和一匹马第一次见面，你知道怎样让它听你的话吗？查一查，问一问，到底有什么管用的方法。

同样，你也可以想一想：人类驯服狗的方式，和驯马一样吗？为什么？

唐代彩绘驯马俑　现收藏于洛阳博物馆

它生动形象地再现了唐代驯马表演的场景。不过，你仔细看，马和驯马人的表情和动作，是不是也很像在跳舞或者在玩游戏？

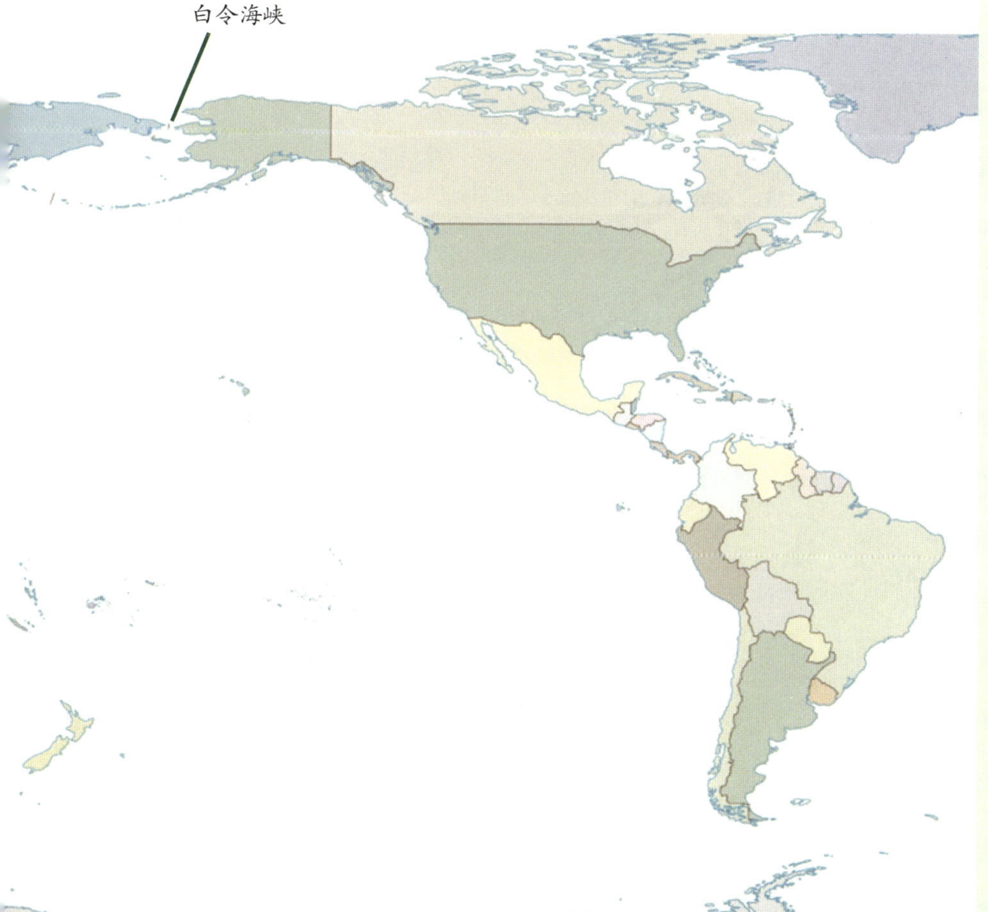

博物学家笔下的马是怎样的？

18世纪法国博物学家、作家布封在他的一篇《马》的作品中写道：

人类所曾做到的最高贵的征服，就是征服了这豪迈而剽悍的动物——马：它和人分担着疆场的劳苦，同享着战斗的光荣；它和它的主人一样，具有无畏的精神，它眼看着危急当前而慷慨以赴；它听惯了兵器搏击的声音，喜爱它，追求它，以与主人同样的兴奋鼓舞起来；它也和主人共欢乐：在射猎时，在演武时，在赛跑时，它也精神抖擞，耀武扬威。但是它驯良不亚于勇毅，它一点

儿不逞自己的烈性，它知道克制它的动作：它不但在驾驭人的手下屈从着他的操纵，还仿佛窥伺着驾驭人的颜色，它总是按照着从主人的表情方面得来的印象而奔腾，而缓步，而止步，它的一切动作都只为了满足主人的愿望。这天生就是一种舍己从人的动物，它甚至于会迎合别人的心意，它用动作的敏捷和准确来表达和执行别人的意旨，人家希望它感觉到多少它就能感觉到多少，它所表现出来的总是在恰如人愿的程度上；因为它无保留地贡献着自己，所以它不拒绝任何使命，所以它尽一切力量来为人服务，它还要超出自己的力量，甚至于舍弃生命以求服从得更好。

……

以上所述，是一匹所有才能都已获得发展的马，是天然品质被人工改进过的马，是从小就被人养育、后来又经过训练、专为供人驱使而培养出来的马。它的教育以丧失自由而开始，以接受束缚而告终。

作为一个博物学家，布封笔下文章里的马是怎样的？他绘制出的博物画里的马又是怎样的？

布封（1707—1788），法国博物学家、作家，原名乔治·路易·勒克来克，因继承关系，改姓德·布封。代表作《自然史》是一部博物志，包括《地球形成史》《动物史》《人类史》《鸟类史》《爬虫类史》《自然的分期》等几大部分，对自然界作了唯物主义的解释。

布封在法兰西学院入院仪式上的讲演《风格论》中提出，一个作家必须将自己的思想载入不朽的文字，始能不为他人所掠夺，而垂于久远。思想是公物，而文笔（即风格）则属于作家自己，科学在不断进步，科学论点肯定要被新的研究成果超过，而文章风格却是后人无法代替的。现在，法语中一般所说的“文如其人”或“文即其人”，就是从布封的名言“风格是属于个人的”中引申而来的。

请你读读布封写的《马》的全文，你能感受到他的个人风格吗？

为什么拜马就是拜龙？

成语“龙马精神”，比喻人旺盛的奋发向上的精神和样子。那么，龙和马为什么被放在了一起呢？

相传有一天，伏羲在黄河边突然看到一匹龙马从水里浮出。他发觉龙马身上的花纹暗合万物自然的意象，让他顿时产生了灵感，画出了八卦图。从此，龙马身上的图案被称为“河图”。

这正是符合了中国古代的《易经》里的那句：“河出图，洛出书，圣人则之。”

不过，你想过没有，龙马到底是像马的龙，还是像龙的马？

最早把马和龙联系在一起的是谁呢?

《周礼·夏官司马》中说:“马八尺以上为龙,七尺以上为騋,六尺以上为马。”这是迄今发现的,最早把龙和马联系在一起的记载。

可见,古人认为龙和马是同一种动物,只是体型大小不同。龙变化成马就是龙马。

《吕氏春秋·本味》中说:“马之美者,青龙之匹,遗风之乘。”马,体态优美,又有灵性,让人类对它宠爱有加。古人为了夸夸自己心爱的马,大概只能把它比作天上的神龙,才能表达其感情的深厚了。

拜马的传统是怎么来的?

《山海经·海内经》中说,黄帝生了骆明,骆明生了白马。

白马就是大禹的父亲——鲧,也就是夏人的祖先。所以,夏人以白马为图腾。

马和龙,一样的意气风发、蓬勃向上,一样的代表阳刚之气。然而在现实生活中,龙是不存在的,所以气质和龙很像的马就成了替代的神兽。

中国古人从此有了奉马为神的说法,甚至规定了祭祀马神的制度:春祭马祖,夏祭先牧,秋祭马社,冬祭马步等。

一直到唐宋时期,古人依然保留着按四季祭拜马神的传统。

瑶池

唐·李商隐

瑶池阿母绮窗开,
黄竹歌声动地哀。
八骏日行三万里,
穆王何事不重来?

这是一首以神话传说为背景写成的诗。诗中写了两个很不一般的人物,一个是西王母,也就是我们熟知的王母娘娘;另一个是周穆王,中国古代历史上最富于传奇色彩的帝王之一。周穆王年轻时就喜欢修炼成仙的道术,一心要学黄帝乘车马游遍天下的名山大川。

相传周穆王的车夫造父,专门跑到桃林——追赶太阳的夸父死去的地方,为他挑选了八匹骏马。这些骏马拉的车,一日能行三万里。这样,周穆王乘着马车到昆仑山去见西王母。

所以,神话里的周穆王,会不会乘的是龙车呢?

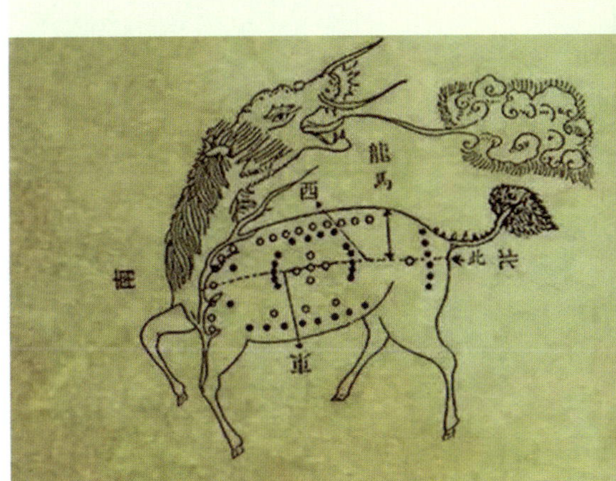

河图

第一匹战马和第一架战车，是谁的创意？

最早使用战马的是谁?

传说在远古时代，黄帝的部下捕获了一匹野马，当人们接近它时，它就前蹄腾空，昂头嘶鸣，但它并不伤害人和其他动物，只以草为食。当时人们都不认识这种动物，便把黄帝请来辨认。黄帝观察很长时间，也未能认出是什么动物，只让大家不要杀掉，派驯养动物的能手王亥用木栏先把它圈起来。

有一天，王亥想出了一个办法，用桑树皮拧成一条绳子，把马头绑好，把马慢慢牵出来，然后他跳上马背。马四蹄腾空，飞奔起来。这时王亥一只手紧紧抓住绑在马头上的绳子，另一只手又紧握马鬃，任凭马怎么飞跑，王亥就是不松手。跑了一阵后，马的速度减慢下来，直到马不再跑时，王亥这才勒过马头，缓缓地骑着回去。

过了不久，一只老虎乘无人时闯进圈里，咬死了一匹小马驹，人们发现后，老虎来不及吃掉小马驹就逃走了。王亥立刻带上弓箭，骑上马向老虎逃走的方向追去。追上后，王亥看准目标连发几箭，把老虎射死在山谷中。在返回的路上，王亥又骑在马上顺手射死了几只鹿。于是有人对黄帝说：“既然骑在马上能追老虎、射杀野兽，那么，打仗时能不能也骑在马上追杀敌人？”黄帝于是下了一道命令：“各部落今后外出打猎，一律不许射杀野马。凡能捉回野马者，给予奖励。”同时黄帝自己也开始练习骑马，还专门挑选了200匹马、200多名精干的小伙子，每天从早到晚操练，既驯马，又练人。经过两年多的训练，中华民族最早的一支骑兵诞生了。这支骑兵在后来黄帝大战蚩尤的涿鹿之战中起了重大作用。

最早用马拉战车的是黄帝?

黄帝打败炎帝之后，有些人不甘心向黄帝臣服，几次三番挑起战争，特别是蚩尤。于是黄帝命人把车拴在马背上，一马当先，领兵冲入蚩尤阵中，终于把蚩尤打败了。

尽管这是个传说故事，但不难看出，很早以前人类就在驱使马拉车了。

马到底何时成了人类的战友?

4000 多年前，马就被人们用于战事中。士兵骑着战马，或者驾着战车驰骋在沙场上。比如蒙古军队就是靠着战马征服了大半个世界的，它们被一些军事家称为“13 世纪的洲际导弹”。14 世纪的欧洲骑士们会用重甲保护自己和战马。阿拉伯马是地球上最古老的马种，而且阿拉伯母马在接近敌人战马时不会嘶鸣，不会暴露目标，加上它们迅捷的速度和持久的耐力，因此成为战马的上选。木曾马是日本土马中最优良的品种，也是日本战国时代武田家骑兵的主要战马。

从古埃及的战车，到中世纪的骑兵，再到第一次世界大战中的骑兵，马已经成了人类亲密的战友。

公元 13 世纪的蒙古马

公元 14 世纪的欧洲军马

公元 16 世纪的阿拉伯马

公元 17 世纪的日本木曾马

纵观历史，世界各地的战马长相品种差异很大：欧洲的战马个子很高，体重也大；亚洲的战马偏于精瘦和敏捷。

想一想，战马为什么会有不同的品种?

十二生肖中的“午马”是怎么来的?

十二生肖，到底什么时候开始的?

出土的秦代竹简告诉我们，十二生肖的起源与动物崇拜有关。民间传说里，十二生肖的起源更早，可以追溯到上古时期的黄帝时代。到魏晋南北朝时，生肖便被人们普遍地使用，这一传统纪年法直至今天仍在使用。

十二生肖中的“午马”是怎么来的呢?

首先，玉皇大帝召开十二生肖排名赛的说法，肯定是不可信的。但是，民间和专家们对于这个来源的说法至今没有定论。

说法一 十二时辰里的午时(午11点至下午1点)阳气达到极端,阴气正在萌生。马驰骋奔跑，四蹄腾空，但又不时踏地。腾空为阳，踏地为阴，所以马就在阴阳之间跃进，正符合午时的特点，所以称“午马”。

说法二 明代学者郎瑛在前人的说法上进行了归类，在其所著的《七修类稿》中说到十二生肖时提出：生肖阴阳当看足趾数目。鼠前足四爪，偶数为阴，后足五爪，奇数为阳。子时的前半部分为昨夜之阴，后半部分为今日之阳，正好用鼠来象征“子”。牛、羊、猪按蹄分，鸡四爪，兔四爪，蛇按舌分，六者均为偶数，属阴，占了六项地支。虎五爪，猴、狗也五爪，马蹄圆而不分，四者均为奇数，属阳，连同属阳的鼠，占了五项地支。

你发现了吗？牛、羊、猪的蹄子中间分开，偶蹄目的它们划分在偶数可以理解，可是，蛇没有脚，居然用舌头分叉来判断为偶数为阴！那么龙呢？虚构的龙，元代以前基本是三爪的，有时前两足为三爪，后两足为四爪。周朝“五爪天子、四爪诸侯、三爪大夫”。

所以，脚趾分阴阳这种说法靠谱吗?

你还知道哪些关于十二生肖来源的说法？那些说法可信吗？你可以自己判断一下，试试看。

马一定要打马蹄铁吗?

人不穿鞋脚就磨坏了，不能走路了。马也一样，马蹄其实就是马的指甲，也一直长，而且是没有神经的。如果马经常驮人拉货，那么负重更大，对马蹄的磨损也更大，马蹄磨损了，马脚就会直接磨损，那么马脚就受伤了，马就废了。于是，为了让马儿更好地为人类服务，公元前 1 世纪的古罗马遗址里就出现了马蹄铁（horseshoe）的前身——hipposandal（马凉鞋）。

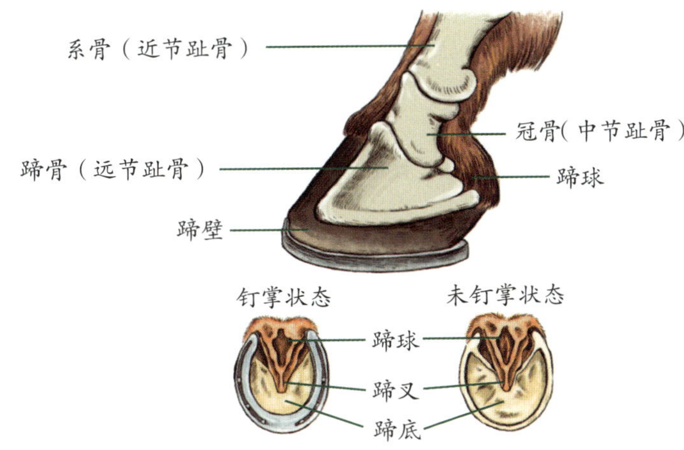

除了中国，还有哪些国家相信生肖？

泰国/韩国/新加坡	鼠	牛	虎	兔	龙	蛇	马	羊	猴	鸡	狗	猪
日本	鼠	牛	虎	兔	龙	蛇	马	羊	猴	鸡	狗	野猪
越南	鼠	牛	虎	猫	龙	蛇	马	羊	猴	鸡	狗	猪
土耳其	鼠	牛	虎	兔	鳄鱼	蛇	马	羊	猴	鸡	狗	猪
印度	鼠	牛	狮子	兔	龙	蛇	马	羊	猴	金翅鸟	狗	猪
埃及	牛	羊	猿	驴	蟹	蛇	狗	猫	鳄鱼	鹤	狮	鹰
古巴比伦	牛	羊	猿	驴	蜣螂	蛇	狗	猫	鳄鱼	鹤	狮	鹰
希腊	牛	羊	猿	驴	蟹	蛇	狗	猫	鳄鱼	鹤	狮	鹰
缅甸	老虎	狮子	双牙象 无牙象	老鼠	天竺鼠	龙	金翅鸟	缅甸人是按出生的那一天是星期几决定自己的属相，不是按年算，其中星期三上半天属双牙象，下半天属无牙象。				

你发现了吗？中国周边的一些国家，生肖和我们大同小异。埃及和古巴比伦也是异少同多。那么，站在世界文明发展的角度，你觉得生肖可能起源于哪里呢？

明·十二生肖四神镜　现藏于故宫博物院

站着都能睡，马真的是睡神？

马睡觉不一定非在晚上，它可以随时随地睡觉，站着、卧着、躺着都能睡。可以说，马在睡觉这方面是相当厉害了。

马站着睡觉也不是因为太困来不及躺下，而是继承了野马的生活习性。野马为了迅速而及时地逃避敌害，在夜间不敢卧地而睡，即使在白天，它也会站着打盹儿，保持高度警惕。

站着睡，马儿真的能休息好吗？

马儿的后腿膝关节，机制非常特殊，可以在马睡觉的时候用一条后腿撑住地面，让另一条腿休息。

古代当个马车“司机”也要上学考证？

在古代，想要成为一名合格的“司机”，难度系数有多高？这得看你准备给谁驾车。

初级难度

周代，每个读书人和贵族都会驾马车，因为他们在学校里必须学习六门课，也就是“六艺”——礼、乐、射、御、书、数，其中的“御”指的就是驾驶马车。

高级难度

如果想成为帝王、诸侯的“专职车夫”——“御戎”，那要求就更高了，要经过选拔考试。

首先要考核的当然是车技，这包括了驾驶技术以及驯马水平。因为如果不熟悉马匹性情，不懂饲养，怎么能调动马儿配合驾驶呢？不仅如此，御戎还要懂得拆卸、安装、维修马车，这样才能保证出行时的安全。

其次，御戎还得会武功。因为那时出门，马车能载的人数非常有限，万一路上遇到野兽出没或是土匪强盗，御戎还要第一时间冲上去保护主人的安全，充当保镖。

满足了上面的条件，就可以顺利成为古代车夫了吗？当然不是！如果不精通古时候的“交规”，那你依然不能去“御”。

唐朝时，《唐律》就规定，如果不是紧急情况，在街道快速驾驶马车或者骑马，要受到用竹板或者荆条抽打脊背五十次的处罚。后来，唐太宗听说鞭打脊背容易打伤此处的经脉，造成重伤，才改成了打屁股。

不仅如此，在长安、洛阳这样的大城市，出入城门要按照“来左去右”的规定，这大概算是中国最早的“交通规则”了。

而且，唐朝还设置了专门的“交通疏导员”，负责指挥交通，这些人算不算最早的“交警”呢？

“六艺”都是什么课？

礼，就是指礼仪，类似今天的德育课。

乐，相当于今天的音乐课。但是学的主要是配合祭祀礼仪的音乐，也要学习诗歌。

射，就是射箭。

御，指的是驾驶马车、战车的技能，并不是指骑马。在古代，马车是重要的交通工具，战车更是重要的战略资源。君子“六艺”中的“御”更加倾向于驾驶中的礼仪，而不是战斗。

书，包括了书写、识字、作文，属于今天语文课教授的部分内容。古代“小学生”8岁入学，要学造字之本的“六书”，也就是象形、象事、象意、象声、转注、假借。

数，不仅包括基础的数学运算，还包括天文、历法、计算，涉及占卜、阴阳之术。

《诗经》里的“马”为什么有那么多名字？

马，在《诗经》中的称谓有五十多个，而现代汉语只用一个马字加上不同的形容词来区分不同的马，为什么会这样？

理由一 先秦时期马与人们生活关系密切，养马是当时社会生活中很重要的一项内容。特别是古代贵族，他们会用毛色来细致地划分马的种类，以体现自

《诗经》中不同名称的马

· 按部位特色

驈（yù）：身黑股白的马。
驔（diàn）：黄色脊毛的黑马。
騵（yuán）：赤身白腹的马。
馵（zhù）：后足白色的马。

· 按颜色

骊（lí）：纯黑色的马。
骐（qí）：青黑色的马。
驳（bó）：毛色不纯的马。
䯄（guā）：黑嘴的黄马。
駓（pī）：毛色黄白相杂的马，也称桃花马。
骓（zhuī）：毛色青白相杂的马。
骍（xīng）：毛皮红色的马。
骃（yīn）：黑白杂色的马。
騜（huáng）：黄白相间的马。

· 按品种性质

骁（xiāo）：良马。
驹（jū）：少壮的马。
牡（mù）：公马。
駉（jiōng）：肥壮的公马。
騋（lái）：高七尺的马。
骄（jiāo）：高六尺的马。

· 按鬃在马身上的突出色彩

骆（luò）：黑鬃的白马。
雒（luò）：白鬣的黑马。
骝（liú）：黑鬣黑尾巴的红马。
騢（xiá）：毛色赤白相杂的马。

己对马的了解。

理由二 从商朝开始的相马术，到了周代已经相当发达。伯乐和九方皋就是当时的相马名家。他们往往从马的毛色、体态、特征以及头、眼、鬃等来判断马匹的品种优劣，来选择、决定这匹马到底是用于祭祀还是作为战马。因为分类的需要，所以才有了那么多的名称。

理由三 《诗经》多采用四言诗，是不是因此需要言简意赅使用一个字来代替一串词组？例如：皎皎白驹，说成是“皎皎白小马”就失去了诗歌的韵味了。

上面三个理由，你认为哪个更可靠？

田忌赛马，是计还是诈？

齐国使者到大梁来，孙膑以刑徒的身份秘密拜见，用言辞打动齐国使者。齐国使者觉得此人不同凡响，就偷偷地用车把他载回齐国。齐国将军田忌非常赏识孙膑，并且待如上宾。

田忌经常与齐国诸公子赛马，设重金赌注。孙膑发现他们的马脚力虽都差不多，却也可分为上、中、下三等。于是孙膑对田忌说："您只管下大赌注，我能让您取胜。"田忌相信并答应了他，与齐王和诸公子赌千金。

比赛即将开始，孙膑说：“现在用您的下等马对付他们的上等马，拿您的上等马对付他们的中等马，拿您的中等马对付他们的下等马。”

三场赛完，田忌一场不胜而两场胜，赢得齐威王的千金赌注。于是田忌把孙膑推荐给齐威王，威王向他请教兵法后，就拜他为军师。

孙膑给田忌的建议，是计还是诈呢？

田忌赛马

齐使者如梁，孙膑以刑徒阴见，说齐使。齐使以为奇，窃载与之齐。齐将田忌善而客待之。忌数与齐诸公子驰逐重射。孙子见其马足不甚相远，马有上、中、下辈。于是孙子谓田忌曰：“君弟重射，臣能令君胜。”

田忌信然之，与王及诸公子逐射千金。及临质，孙子曰：“今以君之下驷与彼上驷，取君上驷与彼中驷，取君中驷与彼下驷。”既驰三辈毕，而田忌一不胜而再胜，卒得王千金。于是忌进孙子于威王。威王问兵法，遂以为师。

——《史记》卷六十五《孙子吴起列传第五》

· 这场赛马的规则是什么？

· 田忌为什么能获胜？

· 赛马胜负的关键人物是谁？

· 如果齐王不按顺序，随机出马，田忌该怎么办？

孙膑（生卒年不详），本名不详（山东孙氏族谱称其为孙伯灵），出生于阿，战国时期齐国军事家。他的祖上是兵圣孙武，也就是《孙子兵法》的作者。

为什么“胡服骑射”功在千秋?

胡服是什么?

胡人，中国古代中原人对北方边地及西域各族人民的称呼。胡人穿的衣服，自然就是胡服了。汉服和胡服有什么区别呢?

汉服宽大博带。

胡服衣身紧窄配长裤革靴。

哪种服饰行动更方便?

春秋时期贵族服饰

骑射是什么?

胡人作战使用骑兵、弓箭。

中原汉人作战使用兵车、长矛。

哪种作战方式更灵活机动?

赵武灵王是谁?

战国时期赵国第六代君主，先秦时代著名的政治家、军事家、改革家，胡服骑射的倡导者。

赵武灵王为什么要推行“胡服骑射”?

西汉墓葬骑马俑　现藏于哈佛大学艺术博物馆　骑马人的衣服为胡服

战国末期，赵国国势衰落，四面

受敌，危机重重。赵武灵王即位后，认为以骑射改装军队是强兵的道路。于是他发布了“胡服骑射”的政令，并带头穿着胡服，学习骑射，决心取胡人之长补中原之短。

起初，“胡服骑射”的命令遭到许多皇亲国戚的反对，赵武灵王亲自前往，当面解释：“我国东面有齐国、中山国，北面是燕国、东胡，西面有楼烦，与秦、韩两国毗邻。如果没有骑射战略，如何坚守？因此我决心改变服饰，学习骑射，想以此抵御四边的灾难，一雪中山国之耻。”

胡服骑射带来了怎样的影响?

穿胡服让汉人意识到，并不只是中原的文化才是正统的、先进的，他们能更平等地看待周边民族，让民族间的交流与融合变得可能。

骑射对赵国而言，使其成功建立起新的骑兵，战斗值猛增，不仅灭掉了中山国，还向北方的匈奴侵略者出击，一跃成为当时除了秦国外，国力最强的国家。中国的军事史也从这刻起，由“车战时代”进入了“骑战时代”。

你还知道其他服饰改革的大事件吗？它们为什么会发生？比如：1701—1724 年，俄罗斯的彼得大帝禁止军队和百姓穿靴子、留胡子，这是为什么？

赵武灵王北略中山之地，至房子，遂之代，北至无穷，西至河，登黄华之上。与肥义谋胡服骑射以教百姓，曰：“愚者所笑，贤者察焉。虽驱世以笑我，胡地、中山，吾必有之！”遂胡服。

国人皆不欲，公子成称疾不朝。王使人请之曰：“家听于亲，国听于君。今寡人作教易服而公叔不服，吾恐天下议之也。制国有常，利民为本；从政有经，令行为上。明德先论于贱，而从政先信于贵，故愿慕公叔之义以成胡服之功也。”公子成再拜稽首曰：“臣闻中国者，圣贤之所教也，礼乐之所用也，远方之所观赴也，蛮夷之所则效也。今王舍此而袭远方之服，变古之道，逆人之心，臣愿王熟图之也！”使者以报。

王自往请之，曰：“吾国东有齐、中山，北有燕、东胡，西有楼烦、秦、韩之边。今无骑射之备，则何以守之哉？先时中山负齐之强兵，侵暴吾地，系累吾民，引水围鄗；微社稷之神灵，则鄗几于不守也，先君丑之。故寡人变服骑射，欲以备四境之难，报中山之怨。而叔顺中国之俗，恶变服之名，以忘鄗事之丑，非寡人之所望也！”公子成听命，乃赐胡服，明日服而朝。于是始出胡服令，而招骑射焉。

……

五月戊申，大朝东宫，传国于何。王庙见礼毕，出临朝，大夫悉为臣。肥义为相国，并傅王。武灵王自号“主父”。主父欲使子治国，身胡服，将士大夫西北略胡地。将自云中、九原南袭咸阳，于是诈自为使者，入秦，欲以观秦地形及秦王之为人。秦王不知，已而怪其状甚伟，非人臣之度，使人逐之；主父行已脱关矣，审问之，乃主父也。秦人大惊。

——《资治通鉴·周纪·胡服骑射》

什么样的马，才配称千里马？

千里马，科学吗？

千里马一词，最早见于《楚辞·卜居》：“宁昂昂若千里之驹乎？”

顾名思义，千里马一日能跑一千里。这科学吗？一般来讲，马奔跑时的速度大约是 20 千米 / 小时，最快的能达到 60 千米 / 小时。跑得越快，消耗越大，马坚持的时间就越短。根据速度，它最多跑 5 ~ 6 小时，最长跑 100 千米一定要停下休息。

周朝的一里大概是 415 米。“千里”换到今天，至少要 415 千米！一般的马只能日行 150 千米左右，最多日行 200 多千米。古代驿站传递公文，一般加急的速度是日行 300 里，最快的加急公文是日行 600 里。所以“日行千里，夜行八百”只是夸张的传说。

因此，千里马泛指一般好马，所谓“千里”只是个虚数。

能被称为千里马的好马，需要具备怎样的素质？

赛马短期爆发力强，速度快，但跑不久，能被称为千里马吗？如果按照“千里”的标准，只能跑短途的赛马，恐怕不行。

孔子说：“骥不称其力，称其德也。”

孔子给千里马下了一个定义：评价一匹千里马的标准，不是看它的力气，而是看它的品德。

什么是千里马的品德？古人说是“调良”，就是马要温驯、听话。如果马匹只是听话，那它到底是宠物马，还是千里马呢？

还有人认为“路遥知马力，日久见人心”。不放弃，一直跑下去，毅力顽强是不是马最大的德行？但是，这样的马寿命会不会很短？

所以如果让你选一匹千里马，你觉得最重要的是什么呢？如果你的马速度和耐力不能兼得，也就是不能德才兼备，你选才，还是选德？

骐骥一跃，不能十步；驽马十驾，功在不舍。

——《荀子·劝学》

荀子的意思是，好的马一天的路程，差劲的马要走十天。但是只要坚持走，总能到达。

这样是不是符合孔子说的“德”？

孔子为什么认为马的德行最重要?

春秋以前的氏族贵族社会，用人完全依据血缘关系，才能并不作为考量因素，从天子到卿大夫均为世袭。虽说存在从下层人民中选人才的现象，但并不普遍。到了春秋中叶，社会经济发生了较为显著的变化，旧的宗法制度逐渐崩溃，孔子提出了“举贤才”的主张。

千里马能一日千里，当然是神力不凡，但是不被人用，即使是良材，也没有价值。而能使良马驰骋千里，为人所用的根本原因在于良马本身就有驰骋千里的志向，否则何以能行千里呢？

马和伯乐，谁对国家更重要？

伯乐是谁？

伯乐，并不是人名，而是天上管理马匹的神仙。但是在人间，善于相马的人就会被称为“伯乐”。

元·赵孟頫《相马图》

相马是一门怎样的学问？

《说文解字注笺》中说：“相（xiàng），度才也。”

既然“相”有考察人才的意思，那么“相马”就是观察马的各项条件，评选出良马和劣马。

随着生产力发展和军事需要，春秋时期人们已将马分为六类：种马（繁殖用）、戎马（军用）、齐马（仪仗用）、道马（驿用）、田马（狩猎用）、驽马（杂役用）。所以，怎么相马、如何养马都成了重要的学问。

历史上的第一位伯乐是谁？

春秋时期的孙阳，是史上第一位被称为“伯乐”的人。当时秦国逐渐强大，经济以畜牧业为主，全国上下大量养马。同时为了与北方游牧民族对战，秦人组建了自己的骑兵，所以，善于鉴别马匹优劣又擅长养育马匹的孙阳，就为秦国富国强兵立下了汗马功劳。他深得秦穆公信赖赏识，被封为“伯乐将军”。

孙阳在做好相马、荐马工作之外，他举荐九方皋来传承相马工作，被传为佳话。为了让更多的人学会相马，使千里马不再被埋没，也为了自己一身绝技不至于失传，他把自己多年积累的相马经验和知识写成了一本书，配上各种马的形态图，这就是我国历史上第一部相马学著作——《相马经》。

《战国策·楚策四》中写道："君亦闻骥乎？夫骥之齿至矣，服盐车而上太行。蹄申膝折，尾湛胕溃，漉汁洒地，白汗交流，中坂迁延，负辕不能上。伯乐遭之，下车攀而哭之，解纻衣以幂之。骥于是俯而喷，仰而鸣，声达于天，若出金石声者，何也？彼见伯乐之知己也。"这段话的大体意思是：您也听说过千里马的事吗？千里马正值盛年，却拉着装盐的车爬太行山。它爬得蹄子都僵了，膝盖都断了，尾巴汗湿，皮肤溃烂，口水汗水滴了一地。爬到半山，它再也拉不动的时候，伯乐来了。伯乐跳下车，抱住千里马痛哭，并脱下身上的麻布衣服给它披上。千里马低头叹了一口气，又昂起头高声嘶叫，那声音直冲云天，如同金属敲击一样响亮。为什么呢？只因为伯乐才是懂它的知己啊！

所以，最擅长奔跑的千里马，为什么去拉车？伯乐为什么痛哭？千里马为什么这么回应？

春秋战国乱世，秦国和楚国是两个最强大的国家，彼此虎视眈眈，随时都会爆发大战。楚国的春申君黄歇养了许多门客，从中发现有才能的贤士，为国效力。

上面千里马的故事，就是贤士汗明，在苦苦等待三个月后终于见到春申君的时候说的。

你觉得汗明说的千里马指的是谁？伯乐又是谁？他为什么要讲这样的故事给春申君听呢？

·古人经常把人才比喻为千里马，把善于发现人才的人比喻为伯乐。

中国历史上有许多关于发现人才的故事，比如：姜太公和周文王，管仲和齐桓公，李斯和秦始皇，诸葛亮和刘备……其中，谁是千里马，谁又是伯乐呢？

·明代文学家杨慎《艺林·伐山》中记载，伯乐的儿子把《相马经》背得很熟，以为自己也有了认马的本领。他按照书里说的"高额大眼圆蹄"的标准，出门找良马，结果找回一只大癞蛤蟆。他非常高兴，把癞蛤蟆带回家，对父亲说："父亲，我找到一匹千里马，只是蹄子稍差些。"父亲一看，哭笑不得，便幽默地说："可惜这马太喜欢跳了，不能用来拉车啊！"

按照书上的标准，就能找到好马了吗？找到人才真的那么容易吗？你认为良马和伯乐，谁对国家更重要呢？

哲学家庄子眼中，真正的马是怎样的？

庄子的《马蹄》里写了什么？

马，四蹄可以践踏霜雪，皮毛可以抵御风寒。吃草喝水，随意跳跃，这就是马的天性。所以人类搭建的庄严的高台、豪华的宫殿，在马看来全都是多余的。等到伯乐来了，他说自己最善于管马了。于是他给马烙上印记，修剪鬃毛，修削蹄子，带上络头，再用缰绳把马拴住，按编号顺序牵到马槽上。经这番折腾，十匹马里要死掉两三匹。可是伯乐又故意让马忍饥挨饿，驱赶马快速奔跑，训练马调整步伐，从此马儿既要担忧前面被马嚼子勒着，又要害怕后面被马鞭抽打。这样一来，马就要死掉大半了……然而，世世代代的人们居然还都称赞伯乐善于管理马。

马，原本生活在大地上，饿了吃草，渴了饮水，高兴的时候互相蹭蹭脖子表示亲昵，生气了掉转头来互相踢几脚，按照马的智力，它其实也就只懂这些而已呀。可是一旦给它套上了车，给它额头戴上装饰，马就学会了斜眼看着主人不肯前行，扭着脖子不肯服从，还故意撞击车篷，耍赖吐掉马嚼子，偷偷甩掉缰绳，让你感觉它狡诈得像个贼一样。这其实不是马的错，而是伯乐的罪过啊！

庄子为什么反对伯乐？

庄子，主张“无为”，理由是万物（也包括人类）都是自由自在的时候才能接近幸福，规矩越多就越失去自我，也就越失去幸福。

庄子眼里的人生是什么样子的？

《庄子·知北游》中写道：“人生天地之间，若白驹之过隙，忽然而已。”这句话的意思是，人的寿命是极为短暂的，好像白马驰过狭窄的空隙，一闪即逝。白驹过隙，指时间流逝快得惊人，可以理解为庄子认为人生短暂。

这里的“白驹”是不是庄子眼里自由飞驰、无为长大的马？

·伯乐训练马匹的方式错了吗？

·庄子指责伯乐的驯马方法，你认同吗？

·如果你是马，你会选择随性自由生活，还是接受训练成为千里马？

·庄子，名周，战国时期宋国蒙人，道家学派代表人物，思想家、哲学家、文学家。

·《庄子·外篇·马蹄》：马，蹄可以践霜雪，毛可以御风寒，龁草饮水，翘足而陆，此马之真性也。虽有义台、路寝，无所用之。及至伯乐，曰：“我善治马。”烧之，剔之，刻之，雒之，连之以羁馽，编之以皂栈，马之死者十二三矣；饥之，渴之，驰之，骤之，整之，齐之，前有橛饰之患，而后有鞭策之威，而马之死者已过半矣……然且世世称之曰“伯乐善治马”。

……

夫马，陆居则食草饮水，喜则交颈相靡，怒则分背相踶。马知已此矣！夫加之以衡扼，齐之以月题，而马知介倪、闉扼、鸷曼、诡衔、窃辔。故马之知而能至盗者，伯乐之罪也。

秦汉时期

马路上到底有没有马？

中国历史上最早最宽的马路

秦驰道，是皇帝的专用车道，皇帝下面的大臣、百姓，甚至皇亲国戚都是没有权利走的。

公元前 221 年，秦始皇统一六国，第二年（前 220），就下令修筑以咸阳为中心的、通往全国各地的驰道。著名的驰道有九条，《汉书 · 贾山传》中记载，

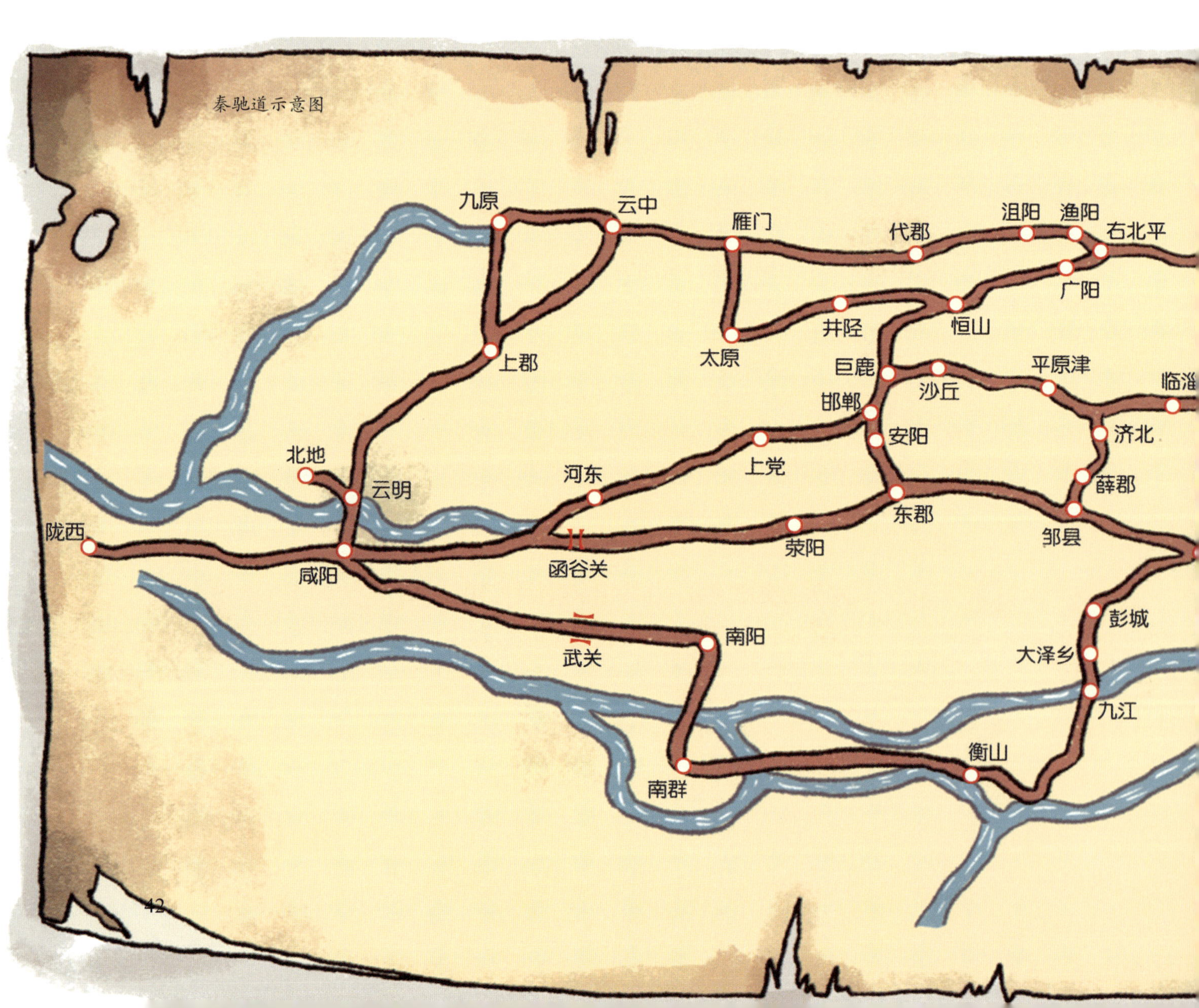

秦驰道在平坦之处，道宽五十步（今约 69 米），隔三丈（今约 7 米）栽一棵树，道两旁用金属锥夯筑厚实，路中间为专供皇帝出巡车行的部分。

可以说，这是中国历史上最早的正式的“国道”。

马路，一定要有马吗？

中国最早关于马路的文字记载《左传·昭公二十年》中写道：“褚师子申遇公于马路之衢，遂从。”这里的马路很显然是给马行进的大路。

今天，城市里的“马路”指的是沥青或者柏油浇筑的道路，上面跑的不是马，而是汽车。

“条条大路通罗马”说的是什么？

条条大路通罗马（All roads lead to Rome）源自中世纪谚语“mille viae ducunt homines per saecula Romam”（千万条路都通向罗马）。公元 125 年，罗马帝国处于全盛时期，是横跨欧洲、亚洲、非洲的超级帝国。因此，它修筑了极其发达的交通网络。作为国家政治经济中心的罗马，和所有省之间都有大路连接。

照这个思路，罗马的“大路”和秦朝的“驰道”像吗？

路，有多少种不同的叫法？意思有什么不同？

· 尧舜时，道路曾被称作康衢。

· 西周时期，人们曾把可通行三辆马车的地方称作路，通行两辆马车的地方称作道，可通行一辆马车的地方称作途畛。

· 秦始皇统一中国后，车同轨，兴路政，最宽敞的道路，称为驰道。

· 唐朝时筑路五万里，称为驿道。

· 元朝将路称作大道。

· 清朝将路称作大路。

© The Hebrew University of Jerusalem & The Jewish National & University Library

文物名片

名字：西云观天马行空砖雕
地点：敦煌西云观

文物名片

名字：唐模制天马砖
地点：三危山老君堂采集，现藏于敦煌博物馆

雕塑名片

名字：飞马与诗歌缪斯女神
地点：奥地利维也纳国家歌剧院立面上
创作时间：1876 年

天马真的可以行空吗？

天马行空，成语，意思是天马在空中飞驰。可以比喻文章或诗歌气势豪放，如天马行空；也可以比喻一个人思维活跃，充满灵感，如天马行空；当然，也可以形容事物不切实际，像天马行空一样虚幻。

天马怎么行空？跑还是飞？可以叫它飞马吗？

飞马 Pegasus，是希腊神话中的奇幻生物，又叫珀伽索斯。它长有翅膀可以飞翔，是希腊神话中海神波塞冬和女妖美杜莎的孩子。后来被神王宙斯升上天空，变成了飞马星座。

雕塑里，飞马常和缪斯女神在一起，为什么呢？

古希腊《神谱》（*Theogony*）的作者赫西俄德说，Pegasus 的名字源自希腊语 pegae（泉）。据说天马出生在海洋的泉水附近，因此它具有爸爸波塞冬的神力，用蹄子敲打任何地方都能涌出水流。希腊有两个著名温泉都被称为 Hippocrene（马泉），因为人们相信这两处泉水是飞马用蹄子敲出来的。其中一座位于缪斯女神的圣地——赫勒孔山上，据说喝了它的泉水，就会使诗人灵感如泉涌，思维天马行空，写出天马行空般绚烂的诗。

中国的天马到底是什么样?

敦煌壁画上，天马展翅欲飞。而三危山老君堂的砖上，天马脖子上扎着飘带，头上长着鹿一样的犄角，没有翅膀也在飞。

为什么天马还有角？唐代杜佑在《通典》里引述三国朱应《扶南异物志》："大宛马有肉角数寸。"说有肉角是祥瑞的特点，表示马有神力。

《史记·大宛列传》中记载："初天子发书《易》，云'神马当从西北来'。得乌孙马好，名曰'天马'。及得大宛汗血马，益壮，更名乌孙马曰'西极'，名大宛马曰'天马'云。"

根据史记，天马就是汉武帝喜爱的西域大宛马。所以，汉武帝为什么把人间的马称作"天马"呢？是因为它速度飞快？还是因为像天上神马一样珍贵难得？天马名字的秘密，反映出汉代对于优良骏马怎样的向往？

西方神话里还有一种神兽——独角兽！它有角，但是没有翅膀，也不能飞。

为什么东西方神话里，人们会给马添上一些不属于它们的特征？

文物名片

名字：少女与独角兽

馆藏地点：意大利罗马法尔内塞美术馆

文物名片

名称：西汉鎏金铜马

年代：汉代（公元前206年—公元24年）

出土时间：1981年5月

出土地点：陕西兴平市茂陵陪葬坑阳信墓

馆藏地点：茂陵博物馆

级别：国宝级文物

西汉鎏金铜马在诉说什么秘密？

鎏金铜马的主人是谁？

它的主人很可能是汉武帝的姐姐。因为当年，与“鎏金铜马”同时出土的很多器物上都刻有“阳信家”铭文，考古工作者据此推断，该无名冢可能是阳信公主家之墓。阳信公主是汉武帝之姐、卫青之妻，这件鎏金铜马很可能来自汉武帝的赏赐。

大宛马，给汉朝带来了什么？给大宛带来了什么？

汉武帝时，张骞到达西域时，首先到达大宛。大宛早就听说汉朝富有，期望同汉朝建立直接的联系，见汉使来到，深表欢迎。汉武帝听说大宛出产好马，于公元前104年命使臣携带千金及一匹黄金铸成的金马去换取。但由于双方意见冲突，换马不成，使臣也被杀害。武帝大怒，命大将军李广利率兵远征大宛，于太初四年（前101）攻下其首都，杀大宛王毋寡，另立国王，从此大宛服属汉朝。

这匹鎏金铜马其实是大宛马?

据《史记》记载，大宛马“其先天马子也”，它在高速疾跑后，肩膀位置慢慢鼓起，并流出像鲜血一样的汗水，因此得名“汗血宝马”。

鎏金铜马的外形是否和汗血宝马一致呢?

大宛在哪里?

大宛，古代中亚国名，位于今乌兹别克斯坦费尔干纳盆地。

汉武帝为什么非要得到大宛马?

汉初社会凋敝，马匹奇缺，宰相出行或乘牛车。由于没有强大的骑兵，在对匈奴战争中汉军处于被动地位，汉初不得不采用“和亲”的政策笼络匈奴、维护边境安宁。后来，朝廷下决心推行“马政”，大力发展养马事业。

大宛和乌孙国来的优良马种大大提高了中原马匹的质量，从而使汉王朝的骑兵力量不断壮大，到汉武帝时，汉王朝已拥有军马六十万匹。这也成为西汉对匈奴战争取得决定性胜利的重要因素之一。

马是汉代社会的重要交通工具、军事装备和农业生产的动力。马作为国家的战略资源，影响了汉代政治和民族关系的走向。

文物名片

名称：马踏匈奴

年代：西汉元狩六年（前117）

馆藏地点：茂陵博物馆

级别：国宝级文物

马踏匈奴石刻，来自西汉骠骑将军霍去病墓。

霍去病，西汉名将、军事家、民族英雄。官至大司马骠骑将军，封“冠军侯”，是汉朝三军统帅，抵抗匈奴的名将。可惜英年早逝，24岁因病逝世。

霍去病死后，汉武帝非常悲伤，将他安葬在陕西茂陵，也就是后来武帝自己的陵墓旁。他将霍去病的坟墓修筑成祁连山的形状，用来纪念他抗击匈奴的功绩。

所以，马踏匈奴的石雕造型，表达了怎样的含义，你明白了吗？它代表或象征了什么？

文物名片

名称：铜奔马

俗称：马超龙雀、马踏飞燕

年代：东汉晚期

出土时间：1969年10月

出土地点：甘肃省武威市雷台汉墓

馆藏地点：甘肃省博物馆

级别：国宝级文物、首批禁止出国展览的珍贵文物

马真的踏过飞燕和匈奴吗？

根据铜奔马身上的印记考证，武威雷台汉墓系“守左骑千人张掖长张君”之墓。

武威，位于丝绸之路关口，汉代属于西凉。墓主人姓张，又是西凉人，他会不会就是汉末名将“凉州三明”之一的张奂？而与铜奔马一起出土的铜车马代表的，会不会就是战斗力超强的西凉军？

西凉的地理位置在古代是河西走廊一带，主要包括现如今的甘肃东部，宁夏一带，连接着兰州、新疆，被山脉和沙漠环绕，古时凉州素有“通一线于广漠，控五郡之咽喉”的说法，可见地理位置十分重要。

凉州盛产好马，此地靠近大宛和蒙古，战马资源得天独厚。

《后汉书》中写道："夫行天莫如龙，行地莫如马，马者甲兵之本，国大之用，安宁则以别尊卑之序，有变则以济远近之难。"汉代开疆拓土、抵御外敌的年代，如果没有优良的战马、精锐的军队，如何能保障西域门户安全，保证丝绸之路上的商贸安全、百姓平安？

无论是踏飞燕，还是踏匈奴，这两匹马诉说的那段历史，是否让你对它们多了几分敬仰？

这是什么马，什么鸟？

铜奔马，有人说是汉武帝引进的天马，有的说是星空里的神马。

它蹄下那只鸟，有人说是燕子，有人说是龙雀，还有人说是鹰隼、乌鸦。

马踏鸟，科学吗？铸造它的工匠想表达什么？

有人说，这件文物中的鸟只是一个支架，以让奔跑姿态的马能站稳。有人说，这件文物这样设计是为了表现马儿奔跑疾速，甚至凌空飞腾、超越鸟儿的雄姿。

雷台汉墓里铜车马的脚下为什么没有鸟儿？

霍去病到底长啥样？

冠军侯去病既侯三岁，元狩二年春，以冠军侯去病为骠骑将军，将万骑出陇西，有功。天子曰："骠骑将军率戎士逾乌盭，讨遬濮，涉狐奴，历五王国，辎重人众慑慴者弗取，冀获单于子。转战六日，过焉支山千有余里，合短兵，杀折兰王，斩卢胡王，诛全甲，执浑邪王子及相国、都尉，首虏八千余级，收休屠祭天金人。益封去病二千户。"

——《史记》

票骑冠军，猋勇纷纭。长驱六举，电击雷震。饮马翰海，封狼居山。西规大河，列郡祁连。

——《汉书》

《史记》和《汉书》描写了霍去病的骁勇善战，那在你心目中，霍去病应该是怎样的形象？

雷台汉墓铜车马

如果没有山丹军马场，河西走廊会怎么样？

山丹军马场在哪里？

如果你坐火车从张掖一路开往西宁，就能看到祁连山脚下的草原上，一座存在了 2100 多年的传奇马场——山丹军马场。整个马场总面积 329.54 万亩，是目前世界上最大的军马场。

山丹的马儿有什么特别？

自西汉以来，当地人以蒙古马为基础，又引进了各种西域的良马，培育出了驰名天下的山丹马。这就使得山丹军马场成了历代皇家军马的养殖基地。山丹马膘肥体健，对高原的适应性很强，是速度和耐力兼备的马种，非常适合做长途行军的战马。

霍去病征战匈奴路线图

说到山丹军马场，为什么不能不提霍去病将军？

霍去病曾两次对匈奴发动猛烈的进攻，带领汉军大败匈奴，而这两次战役也使汉朝有机会彻底控制西域地区，从而为中原和西域的沟通打下基础。

作为骁勇善战的将军，霍去病深知战马在战争中的重要作用。中原的马深入西北地区与匈奴作战体能等方面均处于劣势，山丹军马场的出现能很好地弥补这些，具备极强的战略意义。

驱逐匈奴后，汉朝即在汉阳大草滩（即今大马营草原）屯兵养马。后自魏晋至隋唐，这里一直是很重要的牧马场所。

霍去病为什么选择这里做军马场？

自然环境：大马营草原水草丰茂，夏季绿草如茵，冬季一片金黄，是马匹繁衍、生长的理想场所。

地理位置：这里位于河西走廊中部，祁连山冷龙岭北麓的大马营草原，地跨甘肃、青海两省。河西走廊，因位于黄河以西，为两山夹峙，故得此名。这是一条中国内地通往西域的要道，也是佛教东传的要道与第一站，是丝路西去的咽喉，经略西北的军事重镇。自古以来河西走廊地带就是富足之地、兵家必争之地。

人口特点：河西自先秦以来就有放牧传统，秦朝时就被北方游牧民族占据，培育了畜牧文化。通过民族融合，匈奴人高超的养马技术也传到了这里。

政策优势：河西之战后，汉朝在河西派驻移民和军队，他们战争时期打仗，闲暇时期开垦荒地、饲养马匹，从事农业生产。

汉代之后，山丹军马场的命运如何？

公元 439 年，北魏第三个皇帝拓跋焘扩大了大马营草原的规模。

公元 609 年，在平定吐谷浑后，隋炀帝率十万余人开始了一场扬国威、耀武力的西巡，此行途经张掖、越过焉支山，会见突厥以及西域各国王公使者。隋炀帝还亲临大马营草原，在此设立牧监，牧养官马。

唐朝，唐太宗李世民派遣太仆张景顺到这里掌舆马畜牧之事。祁连大草滩在唐代养马最多时期共有七十余万匹马。

元、明两代，继续扩建牧马营房。清康熙重设永固营，设置马营墩守备，屯兵养马，以保边防。

可以说，山丹军马场是中国千年征战史的见证。

请你想想：如果军马场都设在南方，或者陕西、河南一带，会有什么后果？

“人中吕布，马中赤兔”？

吕布是谁?

吕布，汉末著名武将，武力超群。《三国演义》为了显示吕布的勇猛，以及刘关张的正义，特意设计了“三英战吕布”的血战情节，其中吕布骑着赤兔马、手持方天画戟，几乎无人能敌。

赤兔是匹什么马?

赤兔，也叫“赤菟”。“赤”就是红色，“菟”在古汉语中指老虎凶猛的样子。看来，赤兔马不单单是日行千里的名驹，也如同猛虎一般凶猛剽悍，很适合当战马。赤兔马在《三国演义》里，是董卓从西域带回的，所以很有可能就是汗血宝马。

马中赤兔，为什么表示天下第一?

《三国演义》中，为了拉拢吕布入伙，董卓秘密派人把赤兔马送给了他。吕布的无敌，配上赤兔的无畏，从此便有了“人中吕布，马中赤兔”的说法。

关羽和吕布，赤兔马和谁更配?

吕布战败被曹操所杀，赤兔马被曹操用来收买关羽，从此，“青龙偃月刀 + 赤兔马”就成了关羽的标准形象。关羽败走麦城后被杀。据传，后来赤兔马被赐予马忠，但赤兔不愿侍奉新主，最后绝食而亡。

所以，赤兔对谁更忠诚呢？赤兔和谁更配呢?

吕布在《三国演义》中，被塑造成第一猛将，但有勇无谋。张飞骂他“三姓家奴”，因为他认贼作父，屡次叛变。

关羽号称“万人敌”，忠义侍主，有勇有谋，被民间尊为“武圣”和“文曲星”。

如果你是赤兔马，你会如何选择?

英雄求好马，好马配英雄。历史上这样的例子比比皆是。

- 照夜玉狮子——赵云
- 的卢马——刘备
- 爪黄飞电——曹操
- 乌骓马——项羽
- 六骏飒露紫——李世民
- 绝影马——曹操
- 七骏神凫——秦始皇
- 黄骠马——秦琼
- 布塞菲勒斯——亚历山大大帝
- 马伦戈——拿破仑

好马只有遇到英雄，才能显示出它的神力吗？英雄非要有好马，才能称雄吗?

马和主人之间到底是怎样的关系呢?

木兰从军为什么要自己买装备？

木兰是谁？

史书中并没有关于花木兰的记录，也就是说，真实历史中可能并没有这个女子。木兰是民间传说中替父从军的一个女英雄。关于她的记录，最早出现在北魏时期的《木兰诗》里。当时，她就叫“木兰”。

明代，《木兰诗》被改成了《雌木兰替父从军》的戏剧，剧中她自称：“妾身姓花名木兰。”从此，民间开始叫她花木兰。

为什么要创造出花木兰这样一个形象?

北魏时期，北方游牧民族柔然不断南下侵扰北魏边境，北魏政权规定每户人家必须出一个男子参军，对此百姓家家怨声载道。此时，如果有女子肯主动替父上前线，那么是否符合了忠君爱国又孝顺父母的两重要求？后来民间传说中进一步加入木兰退役回家遭到皇帝阻拦，皇帝想要纳她为妃，木兰拼死抵抗，自杀明志的情节。所以民间又称她为“孝烈将军”。

木兰出征前，为什么要“买买买”？

《木兰辞》中写道：“东市买骏马，西市买鞍鞯，南市买辔头，北市买长鞭。”

木兰从军自备资装这一点，体现了当时“府兵制”的特色。府兵制最重要的特点是兵农合一。府兵平时就是农民，农忙时候耕种土地，农闲时候训练，战时从军打仗。府兵参战武器和马匹全部要自己购买准备。

府兵制并不强求所有军户全部参加战争，只要求一些有能力出军的家庭履行义务，并且保证每家每户都有剩余男丁从事农业生产，而且规定参军打仗的军户人家可以免除一部分赋税和力役。当然，像木兰家没有儿子，属于特殊情况还要出丁参战，肯定是国家遇到了紧急情况，才逼得老弱病残都要出马。

所以，木兰如果出身贫民家庭，要预备齐一套出征的马匹装备，经济上几乎是不可能的。可见，木兰的家庭应该不属于当时的社会底层阶级。

历史上还有哪些悲情上战场的女英雄？

圣女贞德，法国民族英雄，17 岁指挥大军作战抗击英军，最后被判作女巫活活烧死，年仅 19 岁。

查阅资料，试着分析一下圣女贞德和花木兰的命运有何相似之处。

中世纪欧洲骑士的装备一般来说都是自筹的，这是他们与现代职业军队一个显著区别。公元 806 年查理曼大帝时期保留下来的一份详细记录表明，当时的骑士需要自备战马、盾牌、长矛、短剑、剑（短剑不带鞘）、弓和箭袋，另外，还需自备服装装备和食品，甚至餐具、帐篷等。

驿站的马到底如何工作？

魏晋《驿使图》壁画砖
现藏于甘肃省博物馆

20 世纪 80 年代初，在世界万国邮政博览会上，此画曾作为中国邮政标志物。

画中快马加鞭的就是古代驿站的驿使，只为尽快将“邮件”送达。而且图中的驿使没有嘴巴，代表他会守口如瓶，保证信息安全抵达。

古代的“快递”有多快？

人类活动是离不开信息传递的，古代也有专门的“快递”机构——驿站。

隋唐时期，朝廷对陆路驿速有明确的“程限”：传马日走四驿，乘驿马日走六驿，按每 30 里一驿算，日走 120 里至 180 里。若情况紧急，要求日驰十驿，相当于每天要跑 300 里。如送敕书，则要日行约十六驿，相当于行程 500 里。

古代“八百里加急”真的不会累死马吗？

在古代，“八百里加急”一词用来表示紧急情况下的信息传递。但人和马的体力耐力都是有限的，能够飞速狂奔的时间很短，这时候就需要能够进行换马换人的驿站了。

驿站的设定是每隔 30 里设一处，每隔 30 里地换马换人。这样既可保证马的质量，驿使也不用太过劳累。

唐朝：干“快递”，我们是认真的！

著名散文家柳宗元在《馆驿使壁记》中记载，唐时以首都长安为中心，有七条重要的放射状的驿道，通往全国各地。这些驿道，通过的驿站，在《唐书·地理志》和柳宗元的《馆驿使壁记》中都有具体的记述。

可见这是唐朝驿道纵横的实际情况，丝毫没有夸张成分。在宽敞的驿路上，则是：“十里一走马，五里一扬鞭”“一驿过一驿，驿骑如星流”。那时“邮递”效率非常高，据推算，中央的政令一经发出，两个月内便可推行全国。

“快递荔枝”，唐玄宗的浪漫你懂吗?

杜牧在《过华清宫绝句》中这样写道：“一骑红尘妃子笑，无人知是荔枝来。”

唐朝还没有冷链快递，水果保鲜时间短，唐玄宗为了让心爱的杨贵妃吃到新鲜的荔枝，开辟了从南到北专运荔枝的“荔枝道”。驿使们由这条道路，一个驿站接一个驿站地换乘快马将荔枝等鲜果送抵京城。

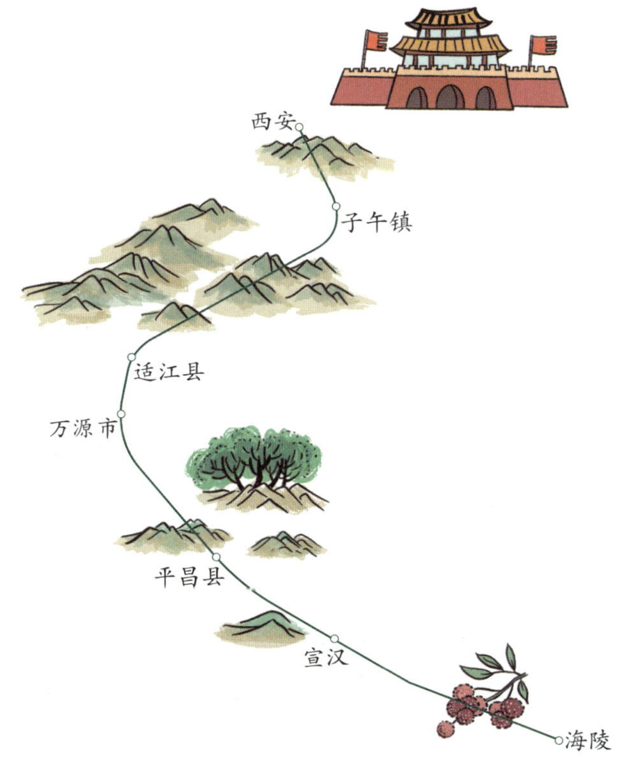

古罗马奥古斯都大帝建立了完善的邮政系统

古罗马帝国的邮政系统，老百姓也可以用吗?

罗马帝国建立了当时最先进的邮政系统，骑手在24小时内可行驶约170英里(270公里)，为罗马与遥远省份的总督和军事官员之间传递信件。

帝国最重要的道路上分布着大约2000个中转驿站，驿站中配备了马匹、备件和一个照顾动物的工作人员，并为信使提供食物和饮料。此外，人们还可以租用骡子和牛车来运送更大的货物。

而且，罗马帝国的“政府信使和运输服务”(cursus publicus)也是可以为普通民众投递邮件的，当然价格恐怕也不便宜哦。

唐太宗墓的标志为什么是六匹马？

陕西省礼泉县唐太宗昭陵北司马门内，祭坛东西两侧雕刻着六匹战马浮雕。它们就是著名的“昭陵六骏”，是陪伴唐太宗李世民征战沙场的战马。

为何特勒骠位居六骏之首？

特勒骠为李世民平定宋金刚时所乘坐骑。特勒骠载着李世民，曾一昼夜急追二百多里地，交战数十回合，连打八次硬仗，立下伟大功绩，收复大唐王业发祥地——太原和河东失地。

作战时，此马凭借卓越的奔跑能力和罕见的勇气，七次令李世民化险为夷。而且，特勒骠也是六骏中除白蹄乌外唯一没有中箭的。

六骏中，飒露紫旁为何还有一个人？

牵着战马正在拔箭的人叫丘行恭。

在洛阳邙山一战中，骑着飒露紫的李世民被敌人包围。敌兵一箭射中飒露

紫前胸。危急关头，丘行恭赶到，回身张弓四剑，逼退敌人。然后，丘行恭跳下马来，给飒露紫拔箭，并且把自己的坐骑让给李世民，两人突围而归。李世民为了表彰丘行恭拼死护驾的战功，特命将拔箭的情形刻于石屏上。所以，飒露紫既有表现李世民一生战功的含意，还有树立军人楷模的内涵。

猜一猜，六骏的名字都是怎么来的呢？

什伐赤：波斯马，毛色纯红。

青骓：一匹苍白色杂毛马。

特勒骠：全身黄白色，嘴角微黑。

白蹄乌：全身纯黑，四蹄雪白。

拳毛䯄：虽毛黄嘴黑，又有旋毛，但是矫捷善跑。

飒露紫：纯紫色。

古今中外，爱马的皇帝有很多，但是死后一直和马相伴的皇帝，基本上都是戎马一生的帝王。例如：统一希腊、征服埃及、灭波斯帝国的马其顿国王亚历山大大帝，其爱马布塞菲勒斯曾是一匹烈马，被高价卖给亚历山大的父亲后无人能驯服。一旁的亚历山大发现布塞菲勒斯虽然刚烈暴躁，却非常害怕自己的影子，于是，亚历山大将马头转向太阳，马影就此留在马的身后。在布塞菲勒斯安静下来的瞬间，亚历山大迅疾跃上马背，烈马狂怒咆哮，绝尘而去。待到侍从找到亚历山大的时候，布塞菲勒斯已被驯服。国王获侍从快报，大为惊讶，认为亚历山大必将超过自己，成就一番伟大的事业。

皇帝的马似乎都有着一些传奇的经历，想想看其中有什么相同之处。

金·赵霖《昭陵六骏图》 现藏于故宫博物院

彩绘打马球俑（618—907） 现藏于新疆维吾尔自治区博物馆

打马球为何被称为唐代的全民运动？

马球是什么？

马球，也叫波罗球，是唐代非常流行的一项体育运动。它起源于波斯（今伊朗），后传入吐蕃（西藏），唐初时由吐蕃传入长安。唐太宗李世民是马球运动的倡导者，到唐中宗时，马球运动风靡于宫廷、显贵和军队中，后来成为唐代社会广泛参与的体育活动，就连当时的女子也可以参与马球活动。

马球运动还能影响历史？

李隆基早年就是马球高手，在和吐蕃使者的比赛中他率三人击败了吐蕃的十人队伍，在禁卫军中“圈粉”无数，为后来的两次政变赢得了群众基础。唐代不少名将早年都是因为马球打得好在军中扬名立万，高骈、周宝就因为马球技术出色被唐武宗提拔。在唐朝军队中善于打马球的军官备受士兵爱戴，经常可以赢得士兵的拥护“逆袭”为节度使。

打马球是勇敢者的游戏，还是要命的军事训练？

唐朝 22 个皇帝，其中有 18 个皇帝喜欢打马球，有 2 个皇帝甚至死在这一爱好上（分别是唐穆宗和唐敬宗，唐敬宗是在马球后的宴会上被杀的）。唐宣宗也差点因为打马球而丧命。

唐 · 打马球俑　现藏于法国吉美博物馆

唐朝皇帝中的那些马球迷

唐玄宗以后的皇帝中，穆宗李恒算得上是一个大马球迷了，以致因打球受伤而丧命。穆宗死后，敬宗继位也是日夜打球，并从各地招来一些马球选手，一起打球，不理国事，引起人们的强烈不满。宝历三年（827），敬宗与马球将苏佐明等 28 人一起喝酒时，被苏佐明杀害，时年 18 岁。

唐代的几个“球迷”皇帝中，要算僖宗的球技最高。他击球时“每持鞠仗乘势奔跃，运鞠于空中，连击数百而马驰不止，迅若雷电，两年老手咸服其能”。唐僖宗还想出了“赢球升官”的花点子。那是他与四位大臣一起击球时，僖宗宣布“以先得球而击过球门者为胜，先胜者得第一筹”。比赛结束，大臣敬瑄因赢球而获得了西川节度使的职位。此事虽说荒唐，但可看出当时的打马球已发展到何等狂热的程度了。

唐 · 打马球纹铜镜
现藏于大唐西市博物馆

唐朝边塞诗里为什么少不了马?

出塞·其二

唐·王昌龄

骝马新跨白玉鞍，战罢沙场月色寒。
城头铁鼓声犹震，匣里金刀血未干。

出塞词

唐·马戴

金带连环束战袍，马头冲雪度临洮。
卷旗夜劫单于帐，乱斫胡兵缺宝刀。

唐代的边塞军中多有马匹，举目可见，甚至还放养军马。而有边塞从军经历的诗人们在这样的环境中生活，马便自然地进入了他们的创作中。

读完这两首诗，你认为在边塞，马扮演着怎样的角色?

唐人为什么这样重视马?

唐人对外的军事交锋对象，主要是来自西域直到中亚的游牧民族。这一地区的主要特点是草原沙漠占很大比例，而且幅员辽阔。如果没有马，在当时的条件下就做不到开展战争和获胜。因此唐人非常重视训练骑兵与饲养马匹。

而且，唐朝社会风气开放，许多以前只有男子才能从事的活动女子也纷纷参与，例如射箭。故宫的这尊唐代画彩女射俑，就是很好的证明。当时，不仅宫中女子能射猎，民间女子也有不少能骑善射者，李昌夔之妻独孤氏就有一支两千人的女军，穿清一色猎服，专门从事打猎活动。

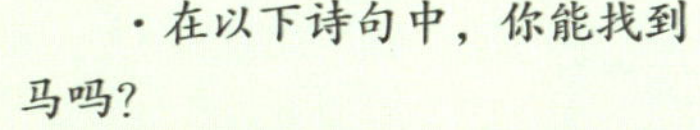

·在以下诗句中，你能找到马吗?

君家赤骠画不得，一团旋风桃花色。

——岑参《卫节度赤骠马歌》

金络青骢白玉鞍，长鞭紫陌野游盘。

——万楚《骢马》

胡瓶落膊紫薄汗，碎叶城西秋月团。明敕星驰封宝剑，辞君一夜取楼兰。

——王昌龄《从军行七首》其六

结束浮云骏，翩翩出从戎。且凭天子怒，复倚将军雄。

——高适《塞下曲》

第一句中，“赤骠”指有白色斑点的红马；“骠”指有斑点的马。

第二句中的“骢”，《说文》解释为“马青白杂毛也”。

第三句中，“薄汗”指的是蕃中大马。

第四句中的“浮云”则是一种良马的名字，据《西京杂记》卷二载：“文帝自代还，有良马九匹，皆天下之骏马也。一名浮云；一名赤电；一名绝群；一名逸骠；一名紫燕骝；一名绿璃骢；一名龙子；一名麟驹；一名绝尘，号为九逸。”

如果你有一匹马，你会给它起什么名字?

韩愈的《马说》到底在说什么？

马说

唐·韩愈

世有伯乐，然后有千里马。千里马常有，而伯乐不常有。故虽有名马，祇辱于奴隶人之手，骈死于槽枥之间，不以千里称也。

马之千里者，一食或尽粟一石。食马者不知其能千里而食也。是马也，虽有千里之能，食不饱，力不足，才美不外见，且欲与常马等不可得，安求其能千里也？

策之不以其道，食之不能尽其材，鸣之而不能通其意，执策而临之，曰："天下无马！"呜呼！其真无马邪？其真不知马也！

这段话是说，世上先有伯乐，然后有千里马。千里马经常有，但是伯乐不常有。所以虽然有名贵的马，也只能辱没在仆役的手中，跟普通的马一同死在槽枥之间，无法拥有千里马的称号。

日行千里的马，有时一顿能吃完一石粮食。喂马的人不知道它能日行千里，因而像对待普通的马一样来喂养它。这样的马，虽然有日行千里的能力，但吃不饱，力气不够，真正的实力难以表现出来。想要和普通的马一样尚且做不到，怎么能够要求它日行千里呢？

不以正确的方法驱策千里马，不能好好喂养它使它展现实力，听到千里马嘶鸣，不能明白它的意思，还要拿着鞭子对它说："天下没有千里马！"唉，难道真的没有千里马吗？大概是真的不会辨别千里马吧！

韩愈在 25 岁考中进士后，长期得不到任用。他在长安曾三次上书宰相请求任用，但结果是"待命"四十余日，没有得到任何回音。经此挫折后，他不得不到汴州依附宣武节度使董晋。董晋死后，他又去依附武宁节度使张建封。仕途如此坎坷，加上当时奸臣当权，政治黑暗，有才之士不受重用，这些都使他痛感明主难遇，心中愤慨。

·为什么千里马这么难找？韩愈认为是什么原因导致的？

·如果你是"食马者"，你会怎样去辨别这些马中有没有千里马？

韩愈（768—824），字退之，河南河阳（今河南省孟州市）人，自称"郡望昌黎"，世称"韩昌黎""昌黎先生"。唐代中期官员，文学家、思想家、教育家。

贞元八年（792），韩愈登进士第，两任节度推官，累官监察御史。后因论事而被贬阳山，历都官员外郎、史馆修撰、中书舍人等职。

元和十二年（817），出任宰相裴度的行军司马，参与讨平"淮西之乱"。其后又因谏迎佛骨一事被贬至潮州。

晚年官至吏部侍郎，人称"韩吏部"。长庆四年（824），韩愈病逝，年五十七，追赠礼部尚书，谥号"文"，故称"韩文公"。

·结合韩愈的经历，你觉得《马说》中的千里马是谁？伯乐又是谁？

·韩愈的《马说》和庄子的《马蹄》，都在写马，又都不只写马。你觉得两篇有什么相同和不同之处？

为什么白马美少年的说法中外都有？

白马篇（节选）

三国・曹植

白马饰金羁，连翩西北驰。
借问谁家子，幽并游侠儿。

说起骑白马的少年，你第一个想到的是谁？

当然是白马王子。作为西方童话里的人物，例如《白雪公主》《睡美人》等故事里都出现过骑着白马的王子形象。实际上，“白马王子”这个词已经成了一个名词，代表的是少女理想中的青年男子。所以，白马王子在故事中起着怎样的作用？这个角色为什么会受到女生的喜欢？

为什么王子都喜欢骑白马?

从视觉艺术的角度来看，将王子与白马融合在一起，无疑有着赏心悦目的美感。另一方面，对于白马的偏爱是深深扎根于欧洲文化传统的。柏拉图把人的灵魂比作黑白两匹奔马，黑马代表了原始、鲁莽、冲动的本能，而白马则代表了高贵、温和、自制的特质。

·在你读过的故事中，有没有“黑马王子”呢？他的性格是怎样的？

中国有哪些白马少年?

古诗中有不少骑白马的男子形象，和西方的固定形象不同，中国除了贵族外，军人、侠客都有可能骑白马。

比如军人是“君为白马将，腰佩辟角弓”“白马将军若雷电”；侠客是“银鞍照白马，飒沓如流星。十步杀一人，千里不留行”“青槐夹两路，白马如流星”“犀渠玉剑良家子，白马金羁侠少年”。

·骑着白马的将军和骑着白马的侠客，你更偏爱哪个？

·古代的文学作品中常常出现白色的动物，比如白马、白鹿、白狐等，为什么古人如此偏爱白色的动物？白色有什么特殊的意义吗？

拿破仑的爱驹监督官就是一匹纯种的诺曼血统白马，属于帝国近卫军里供皇帝使用的专马，由于此马生性沉静、稳健，仪态高贵，所以在大型阅兵、游行、庆典里才会使用。他的另一匹爱驹瓦格拉姆，则是以战役命名的一匹灰白色阿拉伯马，直到他被流放，都一直陪伴他。

罗马时代流传的凯旋仪式中，让伟大的统帅乘坐纯白马匹拉的豪车是重中之重，因为在罗马人的宗教观念中，只有神王朱庇特才配得上纯白色，凡人坐着白马拉的车子就是自比作神，是最大的僭越。

明·丁云鹏《白马驮经图》 现藏于台北故宫博物院

为什么唐僧骑一匹白马去取经？

汉明帝梦到的金人是谁？

大约在两千年前，有一天，汉明帝梦到一位浑身散发金光的人，非常高大，相貌庄严，在金銮殿的上空飞翔。梦醒后，汉明帝在上朝时向大臣们描述了金人的特征，想知道这到底是什么神。大臣傅毅回答道："根据古书中的记载，陛下梦中的金人，想必就是佛陀。"

唐僧竟然不是第一个取得真经的？

汉明帝立即派遣使者到天竺，也就是现在的印度求法。奉命出使西域的请法团途经大月氏国，遇到了迦叶摩腾与竺法兰两位尊者，得知二位是天竺的高僧，便转达了汉明帝的心愿。适逢两位尊者也早有传播佛法的愿望，于是他们便一同返回洛阳。两位尊者不辞劳顿，以白马驮负经文佛像，一路十分艰辛。

白马最初驮的不是唐僧?

汉明帝以国礼迎奉两位高僧，官员们将带回的佛像呈给汉明帝。画卷中所绘的佛像便是释迦牟尼佛，正与汉明帝梦中的金人相同。汉明帝惊喜万分，对佛教更加尊重。因为当时驮经的是清一色的白马，所以史称“白马驮经”。

汉明帝下令把佛经保存于“皇家图书馆”中，并建造了我国第一座佛寺——白马寺。

只有《西游记》中的唐僧骑白马吗?

其实唐僧骑白马并不是《西游记》的特例，在《西游杂剧》中唐僧骑的也是白马，在最早的取经故事《大唐取经诗话》中，虽然一开始并没有说唐僧骑的是什么，但女人国国王在临别时送了唐僧一匹白马。

·《西游记》作者让唐僧骑白马的原因是什么?

唐僧的原型是谁?

唐僧的原型，据说是唐代的高僧玄奘法师。那么，玄奘法师西行时骑过白马吗？我们从哪里能找到答案呢？

新疆的吐鲁番博物馆，珍藏着一些唐代的书籍碎片，这就是《大唐西域记》残卷。这本书里详细记载了玄奘亲历28个地区、城邦和国家的所见所闻，是一本地理史籍。因为它是玄奘法师口述、辩机和尚编写的，所以有人说，这本书是真实版的《西游记》。如果能读一下这本书，或许会找到答案。

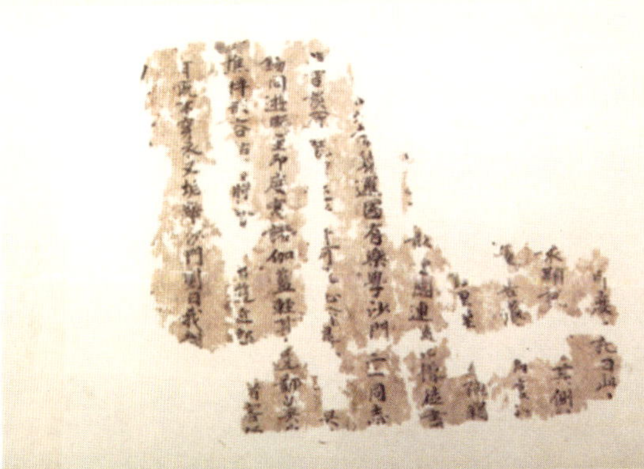

《大唐西域记》残卷　现藏于吐鲁番博物馆

舞马见证了唐王朝的衰落？

舞马，马儿也能成舞者？

唐·舞马衔杯仿皮囊式银壶　现藏于陕西历史博物馆

请仔细看银壶上的这匹舞马，它是不是正符合张说诗里的“腕足齐行拜两膝”？它莫非就是唐明皇生日宴上翩翩起舞的那匹马儿？

关于舞马，《唐书·音乐志》《太平御览》中都有记载。舞马的表演阵势庞大，每次表演的参与马匹多达千匹。

据说，唐明皇李隆基亲自训练舞马，并把它们分为左右两部。每匹马还有“某家宠”“某骄”的名字。每年八月初，李隆基生日时，都给这些舞马披上锦绣衣服，颈挂金铃，鬃毛系着珠玉，按照“倾杯乐”的节拍，跳舞祝寿。高潮时，舞马还跃上三层高的板床旋转如飞，周旋益妙。有时，壮士还会把床举起，让马在床上表演。而穿着淡黄衫、系着文玉带的姿色秀美的少年乐工，则站在周围为舞马伴奏。

舞马千秋万岁乐府词

唐·张说

圣皇至德与天齐，天马来仪自海西。
腕足齐行拜两膝，繁骄不进蹈千蹄。
髤髵奋鬣时蹲踏，鼓怒骧身忽上跻。
更有衔杯终宴曲，垂头掉尾醉如泥。

张说曾是唐明皇的宰相，他的诗写出了生日宴上的奢华盛况，却没有记录安史之乱后舞马的遭遇。叛军首领安禄山曾在皇宫见识了舞马祝寿，叛乱进入京城后就掠走了数十匹舞马。安禄山兵败身亡，他的大将田承嗣将舞马据为己有。一日军中宴乐，马儿听到音乐顺势起舞，被养马的军士视为妖孽，田承嗣命令军士将妖马鞭挞至死。

马儿也有芭蕾舞比赛？

马儿的芭蕾舞比赛，就是奥运会马术比赛上的重要项目——盛装舞步。在这里，马儿比拼的并不是速度，而是“舞姿”。

盛装舞步的英文名字 Dressage 一词来自法语，是训练的意思。因此，骑手不仅要训练马匹的服从度，让它们听从主人的指挥而做出动作，还要注重马匹的前进气势及收缩。

一起来看一场盛装舞步比赛吧！长 60 米，宽 20 米的马场，边缘设置 12 个英文字母，以示骑手在准确的地点进行步度变化。

骑手头戴黑色礼帽，身着燕尾服，脚穿高筒马靴，伴随着悠扬的旋律，驾驭马匹在规定时间内表演各种步伐，完成连贯流畅、规范性的动作。选手要与马匹共同进行三圈比赛，这个过程中，人着盛装，马踩舞步，骑手和马匹之间展现出协调融洽、流畅洒脱的韵律，具有很高的观赏性和艺术性。

其实，这场马儿的“芭蕾”可不只是为了表现美。这一训练源自文艺复兴时期，是希腊人为改善马的战斗能力而对马的步法进行的训练。随着历史文明的发展，马术从宫廷侍卫和军队贵族手中的技巧，逐渐变成了中上阶层绅士淑女们的修养。

为什么三彩马出现在唐代？

三彩马是什么马？

马是唐三彩陶器中最常见的题材，唐代非常盛行用唐三彩作为随葬品。

马上人俑

为什么唐三彩是随葬品？

据考古发现，唐三彩是在高宗时期才开始出现的，在此之前的墓葬中没有出现过唐三彩的身影。

由于高宗时唐王朝国力日渐强盛，上层社会的奢侈之风也愈演愈烈。达官显贵们担心死后无法享受现世的荣华富贵，便在死后随葬各种珍奇异宝，唐三彩就是其中之一。

提腿马俑

为什么随葬品中会有马？

古人信奉鬼怪之说，认为人死后便在地下安家，故陪葬品中必须有代表武力的物件。如秦始皇，建造秦兵马俑，让兵马随自己在地下征战。王公贵族自认没有秦始皇那般实力，便将三彩马作为陪葬品。一来满足自己附庸风雅的虚荣心，二来作为自己在地下的坐骑。

低头马俑

三彩马珍贵在哪里?

三彩马的精妙之处，在于其釉色，其中以黑釉和蓝釉最为名贵。三彩马的胎料也有其特色，它的胎料细腻，肉眼之下难以看到三彩马的瑕疵，在手艺不算先进的唐朝，三彩马这样的珍品实在难得。

从现存的三彩马可以看出，唐代三彩匠师们不仅对马的外貌特点十分熟悉，而且对马的神态、秉性也有深入的了解，因而塑造出了外形逼真、神态各异、动感十足的三彩马。反观唐三彩中的其他物件，仕女娇憨、骆驼沉稳、胡人写实，没有一个能像三彩马般让人眼前一亮。

为什么三彩马只出现在唐代?

马在唐朝之所以受到重视，与李唐王朝本身具有游牧民族血统有关。

李世民将骑马狩猎视为大丈夫三大乐事之一，他让阎立本画出昭陵（唐太宗李世民陵墓）六骏样本，命工匠雕刻成石质浮雕，永远陪伴其左右。

唐玄宗李隆基驯养舞马在自己生日的千秋节上应节踢踏，翩翩起舞。

诗人李白吟出“五花马，千金裘，呼儿将出换美酒，与尔同销万古愁”之佳句。

马是唐人生活不可或缺的组成部分，唐代墓葬中出土三彩马众多，反映出唐人对马的喜爱。

唐朝末年，由于国力衰微，唐三彩的生产开始逐步萎缩，质量也大不如前。宋辽时期各地仍有三彩作坊存在，但工艺和装饰已与唐代有了明显不同。比如，宋三彩的器物多是实用的生活用品，其中以陶枕最为著名。

三彩马有几种样式?

单从样式上分，有奔马俑、提腿马俑、马上人俑、马拉车俑、立马俑五种。

五种三彩马各具特色：奔马俑四蹄腾空，以动态美闻名；提腿马俑三蹄着地，以力量美闻名；马上人俑多姿多彩，以生动美闻名；马拉车俑气派十足，以逼真美闻名；立马俑栩栩如生，以自然美闻名。

唐朝的马屁股为什么都很大?

唐朝真的“以胖为美”吗?

盛唐时期的确崇尚“丰肥浓丽”的美，但这绝不单纯是指女性体态上的“肥”。可以说，这种审美取向是一种全方位的审美理念，体现的是一种力量型的、开放兼容的文化视野。

唐人的审美取向体现在哪些方面?

唐人喜爱牡丹，而牡丹的花形是高贵丰满的；唐人塑造的骏马形象都是骠满臀圆的；而唐代影响最大的颜体书法更是肥硕、庄严而浑厚的。韩愈有诗道：“书贵瘦硬吾不取。”这也体现了唐人的审美取向由“瘦硬”向“肥硕”的转变。

唐人的审美受哪些因素影响?

唐代繁荣昌盛、丰衣足食，正如诗圣杜甫诗句所记：“稻米流脂粟米白，

公私仓廪俱丰实。”人们有条件吃饱穿暖，才能保持健康丰满的体格。

唐代开放兼容并包，国力强盛，文明发达，这使唐人充满自信，成为一个高度开放的国家。据不完全统计，当时与唐交往的国家有130多个。不同文化的影响、交融，使唐人不拘于传统，眼界开阔。

包括李世民在内的唐朝统治者还有一部分鲜卑族的血脉，鲜卑族是游牧民族，游牧民族需要强健的体魄，因而受到鲜卑文化影响的唐人更加崇拜气魄、力量和强大之美。

唐·韩干《牧马图》局部

唐朝为何有众多画马名家？

唐朝皇室还建立了御马苑，广揽天下名马以供赏玩，平时皇帝还命众多画马高手以马为模特来作画。

因此唐朝涌现了大批画马高手，有曹霸、陈闳、韦偃、韩干、吴道子、阎立本、韦无忝、张萱、梁令瓒等，他们画马的风格不一，但画的都是健硕、圆润型的马，无一瘦马。

唐·张萱《虢国夫人游春图》（宋摹本）局部　现藏于辽宁省博物馆

唐宋诗人为什么爱咏马？

马诗

唐·李贺

大漠沙如雪，燕山月似钩。
何当金络脑，快走踏清秋。

·诗句中的“金络脑”指的是什么？

美国大都会博物馆的这件黄金马辔头，就是诗中的金络脑。

为什么说“秦汉以来，唐马最盛”？

唐朝从建立伊始，就对马及其相关事业进行严格管理，在唐代，马匹事业非常兴盛。唐人也是出了名的“爱马士”，他们不仅喜爱骑马、打马球，也喜欢赏马。

除了盛唐画家留下的关于马的精美画作，文人也用笔留下了咏马的篇章。无论是杜甫笔下“所向无空阔，真堪托死生”（《房兵曹胡马诗》）的骏马，还是韩愈《马说》中怀才不遇的千里马，都成了经典的文学形象。

咏马

宋·韦骧

种格得房精，权奇岂易名。
耳批秋竹薄，蹄蹴水云轻。
徒受双羁制，谁知千里程。
未为良乐遇，舂陌自长鸣。

马儿对宋代的诗歌又有什么影响呢?

宋代诗歌的数量远远大于唐诗，其中咏马诗比较多，达 150 多首。诗的内涵十分丰富，包括表达个人志向、关注社会政治、重视日常生活、抒发内心情感等多方面的内容。宋人强烈的社会责任感与国家主人翁意识，促使他们十分关注社会政治现实，积极干预，在咏马诗中生发自己的议论与看法，借咏马来抒发个人的志向、情感及对各方面的思考。

宋朝积贫积弱的原因是缺马吗?

宋朝建国之初并不缺马，高梁河之战，宋太宗一次性就集结了四万匹军马；宋真宗时期，全国有军马二十万匹，宰相向敏中甚至上书：国马倍于先朝，建议将十三岁以上的军马估值出卖。

后来，即使宋朝失去了燕云、河湟、宁夏平原等产马地，河东马场也足够供应军需。汾河两岸的岢岚、石楼等地，山势高寒，水草丰茂，非常适宜养马，欧阳修就曾担任群马使，主持河东马政。然而，大宋官员爱吃羊肉，为了满足口腹之欲，这个仅剩的马场被用来放了羊。于是，就有了宋朝缺马这个荒诞的借口。

画马祖师爷的《十六神骏图》怎么成了苏东坡笔下的十四匹？

韩干马十四匹

宋·苏轼

二马并驱攒八蹄，二马宛颈鬃尾齐。
一马任前双举后，一马却避长鸣嘶。
老髯奚官骑且顾，前身作马通马语。
后有八匹饮且行，微流赴吻若有声。
前者既济出林鹤，后者欲涉鹤俯啄。
最后一匹马中龙，不嘶不动尾摇风。
韩生画马真是马，苏子作诗如见画。
世无伯乐亦无韩，此诗此画谁当看。

韩干（约 706—783），唐代杰出画家，京兆（今属陕西）人。他出身下层，年少时家境清寒，常为酒家送酒。大诗人王维发现了他的才能，资助他学画。唐玄宗曾命他向陈闳学习画马，可他说：“臣自有师，陛下内厩之马，皆臣之师也。”（《唐朝名画缘》）意思是，马厩里那些真实的马才是我最好的老师，这说明他一直在仔细观察并写生临摹。怪不得他笔下的十六匹马，个个英姿飒爽，没有一匹的姿态是重复的。

· 请你仔细观察画面，对照诗词，看看能不能找到每一句诗在画里对应的那匹马。

· 他说的“马中龙”是哪一匹马？

· 算一算，苏轼诗里写了几匹马？诗题里的数字对吗？是苏轼错了吗？

唐 · 韩干《十六神骏图》

宋画第一的李公麟是如何画出《五马图》的？

李公麟（1049—1106），北宋庐州府舒城县（今安徽舒城县）人，宋代杰出画家，字伯时，号龙眠居士，出身名门望族，自幼知识渊博。

《五马图》画的是五匹西域进贡给北宋朝廷的骏马，各由一名奚官牵引。每匹马后有黄庭坚题字，谓马之年龄、进贡时间、马名、收于何厩等，并跋称为李伯时（公麟）所作。五匹马各具美名，令人遐想，依次为：凤头骢、锦膊骢、好头赤、照夜白、满川花。五位奚官前三人为西域装束，后两人为汉人。五匹马体格健壮，虽毛色不一、姿态各异，但显得驯养有素、极其温顺。五个奚官则因身份不同，或骄横，或气盛，或谨慎，或老成，举手投足，无不恰如其分。

· 仔细看，你看出奚官的身份和神态的不同吗？

李公麟画的马究竟有多传神？

据传，李公麟画《五马图》中“满川花”这匹马时，刚完成马就死去了，黄庭坚曾说：“盖神骏精魄皆为伯时笔端取之而去。”因此，那些养马人担心画家夺去真马的灵魂，竟恳求他不要再画了。

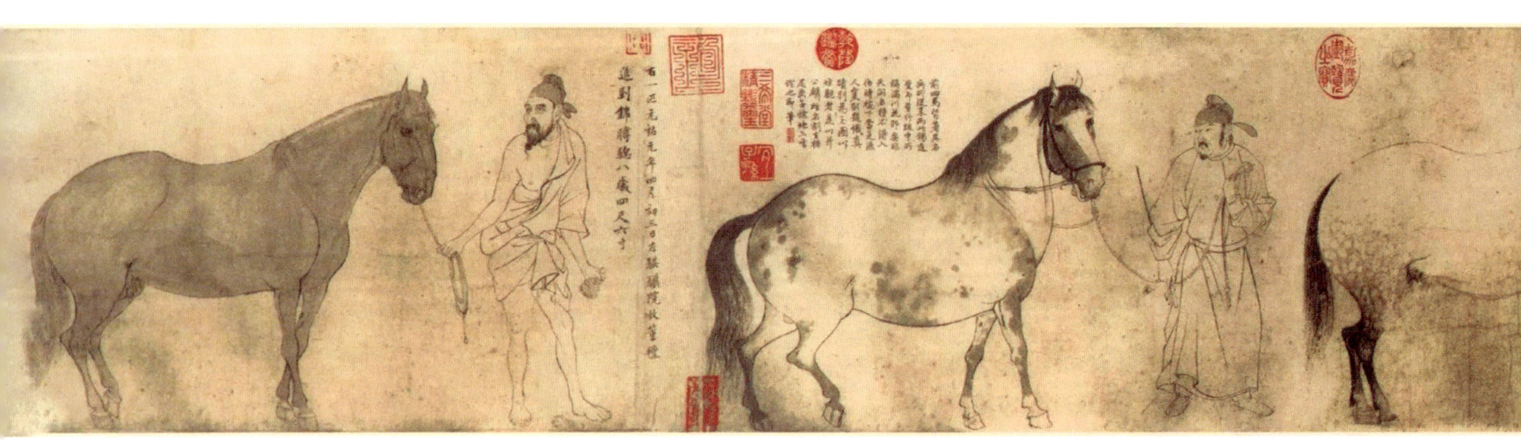

《五马图》影响甚大，成为后世画鞍马人物的最佳范本，后人推其为“宋画第一”。

李公麟是如何学习画马的？

李公麟年轻时初学画，便从画马入手。他极其重视观察和写生。传说他每次去朝廷的马厩观看国马，都流连忘返至忘我的境地。“必终日纵观，至不与客语”，可见其专注用心的程度。所以他笔下的马，大都形神皆备，栩栩如生。

李公麟画马的技艺如此高超，除了自己潜心造诣，他是否向哪位高人借鉴过？

李公麟的美术修养极深，对古器物和古文字都有了解，曾摹绘古代的铜器并加以考订，他还参与了整理皇家收藏的古器物的工作。他的父亲李虚一收藏了很多古代画迹，李公麟都临摹过，还临摹了很多他人收藏的名迹。

·李公麟和韩干画的马，你更喜欢谁的？它们是否有很多相似之处？他俩出身不同，所以学习画马的经历也不同。如果你学画马，你更希望走谁的成长道路？

宋·李公麟《五马图》 现藏于东京国立博物馆

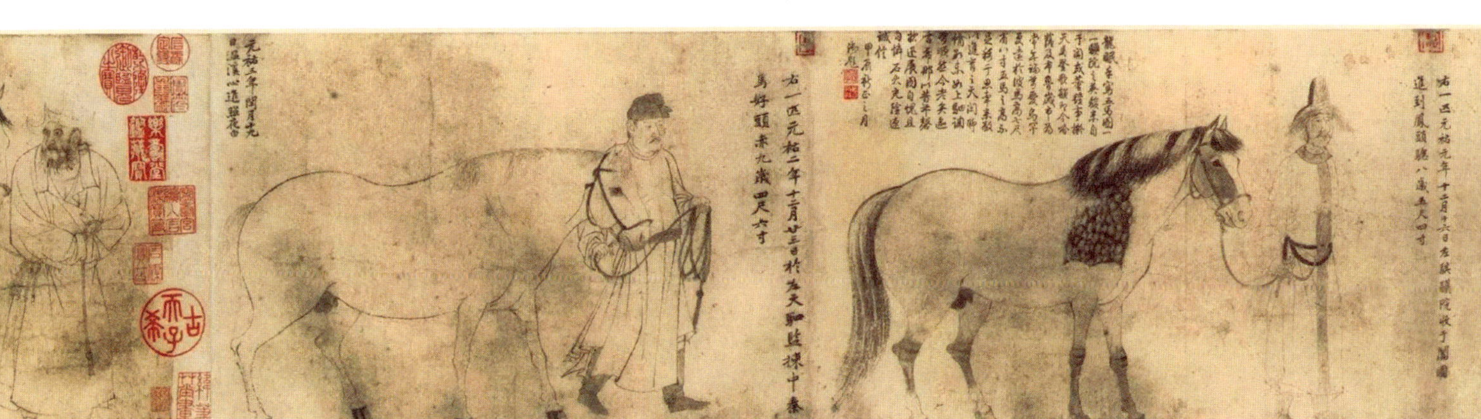

游牧民族为什么离不开马？

蒙古族是北方草原上的游牧民族，自古逐水草而牧。13 世纪，蒙古族建立了中国历史上第一个由北方游牧民族建立的大一统王朝。蒙古族被称为“马背上的民族”，在马背上得天下，所以对于蒙古族来说，马有着十分重要的地位。

为什么游牧民族的交通离不开马?

马，是牧民不可缺少的交通工具。无论外出放牧、搬迁转场，还是传递信息、探亲访友，甚至婚嫁等，都要骑马去完成。马的体质不仅结实强健，而且极耐粗放饲养，以忍苦耐劳著称。草原牧民无论男女老幼都能骑马。五六岁的小孩，便能跟父兄到牧场放牧；到 10 岁左右，便能在精悍的马背上，不用披鞍，自由地驰骋，参加那达慕大会的赛马运动。

马能给游牧民族提供哪些日常食物?

马乳和羊肉是当时蒙古人的主要食物。“鞑人地饶水草，宜羊马，其为生涯，只止饮马乳以塞饥渴。凡一牝马之乳，可饱三人，出入止饮马乳或宰羊为粮。”酸马奶是蒙古族的传统饮品，已有两千多年的历史。它与蒙古族等游牧民族的游牧生活是分不开的。据记载，早在 6000 年前，我国北疆地区蒙古族各游牧部落便把野马驯化为家养，开始了养马业，中亚蒙古高原的大草原成了世界养马业的发源地。在牲畜转场、举家迁移的游牧生活中，牧民们把装满马奶的皮囊背在身上或拴在马鞍上，因人体体温和骑马颠簸摩擦的作用，使

皮囊内的马奶温度升高，加之不断地晃动，促使马奶发酵，形成了最早的酸马奶。北方草原的游牧民族以“食肉饮酪”著称，这里的“饮酪”主要是指马奶。但自从茶叶传到北方草原后，蒙古人开始用牛奶和茶叶熬制饮品，这就是奶茶，又叫“蒙古茶”。

战场上，马儿能给游牧民族的哪些能力进行加成？

战争时，马为游牧民族提供了机动灵活的能力，使他们能够集中力量去对付农业地区的定居民族，利可以急袭，不利则可以远退。尤其是在秋天，当农业民族在田里忙于收割之时，正是草原游牧民族在军事上使用马匹的最好时机。秋高马肥，使草原游牧民族能够在对他们最有利的情况下去袭击处于最不利环境中的农业民族。因此，马匹在蒙古族生产和生活中都有着举足轻重的地位，拥有马匹的数量更是游牧民族是否富有的标志。

游牧民族骑射为什么骑马不骑牛？

蒙古人具有非常高的骑射水平，并且能充分发挥马机动灵活的优势。伴随着蒙古族在蒙古高原的崛起，蒙古族骑射逐步形成、完善，并一直传承至今，“骑兵＋骑射”的战术极大地提高了蒙古骑兵的机动性和作战能力，是蒙古族创建世界性帝国的利器。

摄影：崔永平

为什么要把“阿谀奉承”叫作“拍马屁”？

“拍马屁”的来历有三种说法。一说是元代蒙古人有个习惯，两人牵马相遇，要在对方马屁股上拍一下，表示尊敬。二是蒙古族的好骑手遇到烈性马便拍拍马屁股，使马感到舒服，随即乘势跃身上马，纵马而去。三是蒙古人爱马，如果马肥，两股必然隆起，所以见到骏马，总喜欢拍着马屁股称赞一番。可见，“拍马屁”原是一种风俗，并无贬义。

然而趋炎附势者看到权贵策马而来，不管其马优劣如何，都争着拍马屁股恭维一番：“大人的好马，大人的好马！”于是，“拍马屁”成了巴结讨好、阿谀奉承的同义词，贬义色彩甚浓。

为什么“马之帝国”非蒙古帝国莫属？

“八骏图”只画八匹马，是与成吉思汗有关？

铁木真还未成为成吉思汗前，家里有 9 匹马。在他 16 岁的时候，有 8 匹骏马被盗马贼偷走。为了追回被盗走的马匹，铁木真骑着家里剩下的唯一一匹老马，孤身一人循着马蹄痕迹追了三天三夜，历经艰险，终于找回。后来，铁木真靠着这 8 匹马，逐渐壮大，成了家喻户晓的成吉思汗。草原上的艺术家们纷纷用手中的笔墨描绘这 8 匹骏马，有了各种各样的“八骏图”。“八骏图”不仅比喻飞黄腾达，更是代指勇气和智慧。

蒙古马为成吉思汗带来了什么？

成吉思汗统率的蒙古军进攻时，蒙古马一马当先，万夫难挡。马为蒙古大军赢得了时间，占据了有利的地形，使得成吉思汗在战争中经常处于有利地位。在激烈的战斗中，蒙古马食宿简便易行，围追防范能力强。它能不分昼夜冷热立着睡眠，体力恢复极快，在战争中始终保持健壮的体魄和充沛的力量。

元代就有了骑兵军事演习？

古时的蒙古大汗、王公贵族都喜欢围猎，这实际上是蒙古马的竞技表演和准军事演习。凡参加围猎者均要骑一匹精良的蒙古马，马不仅善解主人用意，更懂得围猎的奥秘与要领，同时有着惊人的记忆力和灵活性。在围、赶、追、吓、堵、埋伏等练习中，需要马与主人卓越配合，否则不仅不能获取猎物，主人还有受伤的危险。实际征战中要想发挥骑士真正的本领，绝不能少了马的智慧和机敏。

成吉思汗的旌徽也与马有关?

成吉思汗的旌徽上端三叉剑头下扎结的缨子来自黑白两色骏马的鬃毛，白旌为政权的象征，黑旌为战斗的象征。这种展示马的力量与精神的旌徽，是一种典型的马文化的产物。

所以，“马之帝国”非蒙古帝国莫属。

元·刘贯道《元世祖出猎图》 现藏于台北故宫博物院

马甲是马穿的，还是人穿的？

马甲到底是什么？

现代指背心式无袖上衣，由元世祖忽必烈的皇后为了方便骑马打猎设计制作的。

在古代，马甲也叫马铠，指用于保护战马的专用装具。

为什么给马穿铠甲？

秦汉以来，骑兵成为军队中的重要兵种，马甲则用于保护骑兵的乘马。东汉时期，便已经使用起部分防护作用的马甲，如保护马前胸的皮质“当胸”。

《旧五代史·汉书·高祖纪上》记载：“明宗与梁人对栅于德胜，时晋高祖为梁人所袭，马甲连革断，帝辍骑以授之，取断革者自跨之。”这可能是关于马甲的最早记录了。

马甲到底是用什么做的？

《周礼·冬官考工记》中记载：“古用皮，谓之甲，今用金，谓之铠。”由此可见，皮革、金属都可以用来做马甲。

西方的战马也穿马甲吗？当然！大都会博物馆的这枚棋子就是佐证。中世纪的马穿着厚厚的马甲，这还跑得动吗？是不是因为这个，现在就没有马穿马甲了呢？

法国巴黎的法兰西军事博物馆里，有一套日本江户时代的马甲。它的头，怎么那么像龙？难道日本也有“龙马精神”的说法？

穿铠甲的骑兵是什么兵种?

三国时期，文献中已记载有全副马铠。自东晋十六国到南北朝时期，骑兵的作用大大提高，组建了人和马都披铠甲的重甲骑兵——甲骑具装，马铠的结构也日趋完备，并从此称为具装铠或马具装。具装铠使战马除耳、目、口、鼻以及四肢、尾巴外露以外，全身都有铠甲的保护。隋代以后，重甲骑兵日渐减少，但马铠仍是军队中使用的一种防护装具。在宋、辽、金之间的战争中，交战各方都使用过装备马铠的骑兵。明清时期，骑兵的战马一般不再披这种笨重的马甲。

美国大都会博物馆里，有一套清代装甲。骑手穿的马甲上绣着四爪龙，战马的马甲上装饰着满满的金色的钉，非常奢华。穿成这样的骑手，披挂如此气派的马，是将军还是王爷呢？

马肉可能是汉堡的祖先？

鞑靼牛肉（Beef Tartare）是一道法国名菜，又称塔塔尔牛肉、野人牛肉，是用新鲜的牛肉或马肉剁碎制成的生食料理。传统吃法是加上盐、鲜磨的胡椒粉、塔巴斯科辣椒酱、辣酱油；意大利式的吃法还加上了洋葱末、续随子、酸黄瓜、西洋香菜末、大蒜末、橄榄油，最后打上一颗鲜生蛋黄。事实上，这道菜在欧洲各国很流行。据说，鞑靼牛肉就是被曾经打到多瑙河畔的蒙古大军带来的。

征途中的蒙古骑兵

对古代欧洲人而言，不论是匈奴人、蒙古人还是突厥人，中亚游牧民族都被叫作鞑靼。蒙古人曾经统治过俄罗斯200多年，鞑靼肉排就是这时候传入了俄罗斯。根据一些欧洲早期旅行家的记录，鞑靼人将牛肉放在马鞍下面，不攻城的时候骑马放牧，一天下来，牛肉被摩擦所产生的热揉到熟了，骑马者就可以回家大啖了。战争时期，鞑靼大军攻城夺池的间歇，也会从马鞍底下掏出一块肉来补充能量。这块

肉，可能就是马肉或牛肉。蒙古人的军队把它视为一种战备粮食，作为长时间的行军之用。

对比一下，你会发觉，现在的汉堡里夹的肉排，不就是煎熟了的碎肉压成的饼吗？

汉堡包是英语 Hamburger 的音译，是一种发源于德国汉堡的食品，是现代西式快餐中的主要食物。德国汉堡地区的人将剁碎的牛肉泥揉在面粉中，摊成饼煎烤来吃，遂以地名而称为 Hamburger。1850 年，德国移民将汉堡肉饼烹制技艺带到美国。到了 20 世纪晚期，美国人对汉堡肉饼的做法进行了改良，然后把它送进了快餐店。

弼马温到底是不是一个官？

玉帝宣文选武选仙卿，看那处少甚官职，着孙悟空去除授。旁边转过武曲星君启奏道："天宫里各宫各殿，各方各处，都不少官，只是御马监缺个正堂管事。"玉帝传旨道："就除他做个'弼马温'罢。"……玉帝又差木德星官送他去御马监到任。

当时猴王欢欢喜喜，与木德星官径去到任。事毕，木德回宫。他在监里，会聚了监丞、监副、典簿、力士、大小官员人等，查明本监事务，止有天马千匹……这猴王查看了文簿，点明了马数。本监中典簿管征备草料；力士官管刷洗马匹、轧草、饮水、煮料；监丞、监副辅佐催办。弼马昼夜不睡，滋养马匹。日间舞弄犹可，夜间看管殷勤，但是马睡的赶起来吃草，走的捉将来靠槽。那些天马见了他，泯耳攒蹄，都养得肉肥膘满。

——节选自《西游记》第四回

《西游记》里天庭的养马官为什么要叫弼马温？天庭也玩谐音梗？

在中国的历史官制中，确实有"御马监"的编制机构，但并没有"弼马温"这个官职。显然，"弼马温"是《西游记》作者虚构的，但也并非无中生有，"弼马温"其实是"避马瘟"的谐音。

让孙悟空当弼马温还和习俗有关?

我国古代有在马厩里养猴子的习俗，认为这样可以避免马生瘟疫。《齐民要术》中也记载：“常系猕猴于马坊，令马不惧避恶，消百病也。”还有种说法认为：这可能利用了猴子好动的天性，让马总保持着警觉状态，使马不躺下睡觉。因为马正常是站着睡觉，躺下睡觉则容易生病。

《西游记》虽然是虚构的，但是御马监实际上是明代的宦官机构。孙悟空曾经问属下自己这“弼马温”的官有多大，属下回答“没有品级”“未入流”，但在历史上，其实宦官管理的御马监权力很大。御马监的前身御马司，设立时为正五品。

·到底是弼马温好，还是齐天大圣更霸气呢?

·如果你是孙悟空，面对这两个官职，你会怎样选择呢?

明代御马监驾牌　现藏于首都博物馆

马政是什么?

马政，指我国历代政府对官用马匹的牧养、训练、使用和采购等的管理制度。从明朝开始，养马成了百姓的重要义务。

明朝民间养官马，马户不仅要保证马的健壮，还要完成繁殖马的任务，否则要如数赔偿。

清朝统治者如何改革马政?

清朝建立后，统治者高度重视马政建设，制定了一套比明朝更为严密完备的管理制度。

废止了明朝遗留下来的一些农区牧场，主要把牧场定在察哈尔、辽西、西北等传统的畜牧地区。这样做，既不影响农区的农业生产，又有利于发展养马业。

建立健全了马政管理机构——中央专管军牧的太仆寺和专管皇家牧场的上驷院等。

每一马厂牧群的数量、种类、公母的比例都有具体的规定，每年马匹数量的增长也实行定额管理，而且还建立了一套完备的考核和奖惩制度。

马匹除由马厂养殖外，还实行采买、与哈萨克部落进行贸易、准许哈萨克部落进入境内游牧但要向清廷进贡马匹等政策，以增加马匹数量。

对比明朝时期，清王朝为什么能够设立如此完善的马政呢?

清·青玉“马上封侯”

现藏于故宫博物院

古人喜欢用谐音讨吉利，“猴”和“侯”谐音双关，猴骑在马上的雕塑寄托了人们“封侯拜相，马上高升”的美好愿望。

后裙门

前裙门

打褶

前后交叠部分

马面裙展开形态

马面裙这样的裙子前后开衩，穿着它不就“走光”了吗？其实，古人的裙子并非光腿直接穿，裙子下面还要穿裤子打底。

马面裙起源于契丹，传统的汉服裙子只有后面一个裙门，无法骑马。游牧民族由于要骑马，所以要开四个裙门，前后方便搭在马上，左右方便又开腿，裙门之间相互叠压又不至于令裙子开得太大，露出腿来，是一种十分实用的服饰。

元明清时马面裙十分流行，并且一直延续至民国。

为了骑马方便，人们都发明了哪些服饰？

随着马成为人类的亲密伙伴，在生活中的作用越来越大，一套能与之匹配、便于骑马的服饰就相当重要了。什么服饰可以作为骑射服饰的代表呢，是我国骑兵最早穿着的正规军装胡服，还是清代便于骑射的行服？

行服，就是便于男性出行活动的服装。不过，一套标准的行服可不简单！头戴帽子“行冠”、内穿打底“行袍”、外罩小马褂“行褂”、下系护膝“行裳”，就如故宫里的这幅画，展示的就是乾隆皇帝穿着行服打猎射箭的样子。

意大利·郎世宁等《乾隆皇帝射猎图》局部　现藏于故宫博物院

马褂又叫得胜褂?

相传当年康熙常穿着行服褂迎接征战凯旋的将士，所以清代御用行服褂又称“得胜褂”。

马面裙的“马”指的不是马?

马面裙是明清女性着装中典型的款式，而“马面”一词，并不是指长长的马脸，而是指一种防御工事——高大的墙体外侧，每隔一段距离就会有凸出于墙体外侧的一段墙体，和马面裙前片交叠部分很像。

《乾隆帝及妃威弧获鹿图》局部　现藏于故宫博物院

图中左侧的皇妃很有可能就是来自西域的容妃，即传说中的香妃。她穿的是不是马面裙呢？请你仔细看看。

古代西方人骑马穿什么呢?

中长款的外套，贴身的裤子，加上特制的靴子和帽子，这逐渐成了西方男性骑马装的一种标配。

骏马还能侧着骑?

100 多年前，欧洲女性为自己争取到了骑马的权利，但当时社会女性穿着的是拖地长裙，跨上马鞍并不方便，并且也有违那个年代对于淑女举止端庄的要求。因此，女子（特别是上流社会的女性）就侧着身体坐在马鞍上，一只脚固定在脚蹬上，另一条腿屈膝微侧压在马鞍边做固定平衡。

入关的清王朝为何依然保留骑射传统?

乾隆十四年(1749),乾隆结束了每年都要举行的围猎,正坐在帐篷前休息。明黄色帐篷前的垫子上,盘膝而坐,穿着蓝色行服、褐色行裳的就是他。旁边的侍从们正将猎获来的鹿扒皮切割,烩鹿汤,烤鹿肉。

注意到了吗?画面左上角的骆驼身上还驮着一头鹿呢,这战利品需要先呈给乾隆皇帝,他会根据这次打猎中每个人猎得的数量多少、执勤时候的尽责与否,论功行赏,并且由官员记录下来。然后,就是皇上与大家一起分食鹿肉的时刻了。

难怪帐篷前两列黄色衣服的官兵呈八字方向跪坐着,原来是在等皇上开口呢。

乾隆这是在哪里打猎呢?可能是北京的南苑,因为它是元、明、清三代的皇家苑囿,清代皇帝经常在南苑狩猎、练兵。

当然也有可能是河北承德的木兰围场。1681 年,康熙皇帝为锻炼军队,在

意大利·郎世宁《乾隆皇帝围猎聚餐图》局部　现藏于故宫博物院

这里开辟了10000多平方千米的狩猎场。清朝前半叶，皇帝每年都要率王公大臣、八旗精兵来这里举行射猎，史称“木兰秋狝”。在清代康熙到嘉庆的140多年里，这里举行过105次木兰秋狝。

清王朝能够入关的重要原因之一是骑射？

在冷兵器时代，游牧文明孕育下的草原骑兵，对农耕经济基础上的中原政权来说，是一股无比强大而具有威胁的军事力量。游牧民族的“弓马骑射”使他们具备强大的战斗力，帮助他们入主中原，走上权力巅峰。

满族人为何有强大的战斗力？

清朝建立者满族人发迹于现今中国东北地区，这里寒冷广袤，白山黑水环绕，这就决定了他们以畜牧游猎为主的生产生活方式。受生活方式的影响，扬鞭策马、弯弓射箭，几乎是每个成年男子必备的本领。

满族人的娱乐活动如何与骑射挂钩？

平时，满族人经常在校军场或射圃组织操练，同时还会举办一些骑射比赛，诸如骑马射柳、射鹄子、射箴、射月子、射香火、射羊眼、射绸、骑马捶丸（击球）、跳马和跳骆驼之类的，这些或正规或娱乐的活动不仅使得他们骑射技艺不断精进，也培养了他们彪悍的民族性格。

不会骑射的满族人不是好士兵

不仅骑射影响着满族人的风俗习惯，甚至他们的政治军事建构都是建立在骑射基础之上的。努尔哈赤为了满足狩猎和军事行动的需要，创建了兵民合一的八旗制度，其主要特点就是“精于骑射”，“出则为兵，入则为民”。之后，骑射更成为每个旗民的必修之课。

清王朝入关后为何还不忘骑射传统？

满族人长期的骑射风俗，为清王朝造就了成千上万能骑善射的将士。这些将士在努尔哈赤和皇太极创建清王朝的过程中，贡献重大。于是，骑射尚武，被清朝诸帝奉为“满洲根本”。

·清王朝保留骑射传统，还有什么原因？

郎世宁画的马
为何能得到皇帝为他写诗的殊荣？

古今中外，能够得到皇帝的赏识与夸赞，对文人志士来说是至高无上的荣誉。清朝有位外国画师就得到了乾隆皇帝的亲笔题诗夸赞，他就是郎世宁。

对比我国传统国画，郎世宁的画有什么特别之处？

郎世宁在绘画创作中，融中西技法为一体，形成精细逼真的效果，因为这种特别的创作手法，郎世宁深受康熙、雍正、乾隆三朝皇帝的赏识与器重。

乾隆皇帝为什么喜欢郎世宁画的马？

清朝是“马上得天下”，所以对于骑射非常重视，也很喜欢马，乾隆皇帝更是对马喜爱有加。史料记载，乾隆有十匹最喜欢的马，宫廷画师郎世宁载于《石渠宝笈初编》的《十骏图》，画的就是这十匹骏马。

乾隆每年都要去打猎、行围、进行军事训练、观看马术表演、检阅军队等。这个时候，乾隆都要骑着他心爱的御马，由郎世宁给他留下珍贵的资料。

在《乾隆皇帝大阅图轴》中，郎世宁所画的乾隆坐骑宝马更是活灵活现，骠勇雄健。

乾隆皇帝是怎样写诗称赞郎世宁的?

乾隆皇帝称赞郎世宁画的马胜过宋代画马名师李公。他在《题郎世宁画马》诗中写道：“伯乐今难遇，谁空冀北群？横风嘶逸韵，意气欲凌云。”

现在识得好马的伯乐太难遇到，那又是谁吸引冀北的群马全都前来？是他郎世宁所画的马，在风中嘶鸣，气势直冲云霄。

·郎世宁给马和皇帝画像，会不会为了美化他们，故意把皇帝画得更威武，把马匹画得更雄健？有什么办法来验证他画得是否真实？

意大利·郎世宁《乾隆皇帝大阅图轴》 现藏于故宫博物院

郎世宁是谁?

郎世宁是意大利人，于1715年以传教士身份漂洋过海来到中国，他擅长绘画并通晓建筑，被重视西洋技艺的康熙皇帝召入宫中。从此，他开始了长达五十多年的宫廷画师生涯。

郎世宁是画油画出身，特别善于表现马的皮毛和肌肉，能用明暗的方式表现出皮毛的质感，给人以很强的真实感，让人看了不禁想动手摸一摸，就像真的似的。

这在当时在宫廷里轰动一时，得到了皇帝和王公贵族的喜欢，更是受到乾隆皇帝的器重。

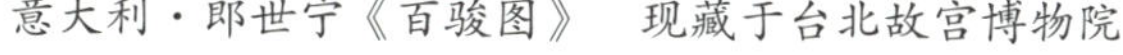

意大利·郎世宁《百骏图》 现藏于台北故宫博物院

大英博物馆藏的这块亚述石膏模型上，一个亚述骑兵边策马奔腾，边射箭。

骑兵是冷兵器时代的王牌兵种吗？

最早的骑兵出现在哪里？

最早的正规骑兵是公元前 9 世纪出现的亚述骑兵。当时没有马鞍和马镫，只靠缰绳控制马。亚述军队中有三种骑兵：轻骑兵，装备弓箭和标枪；骑弓手，身穿硬皮甲；重骑兵，装备长矛和剑，负责近战接敌。

唐朝的骑兵为什么是国家安全的最大保障？

唐高祖李渊要求骑兵从战术到生活方式上都完全学习突厥，希期将骑兵变成最精锐的力量。他的儿子唐太宗李世民也是作战指挥高手。根据《资治通鉴》

里的记载，无论深入敌阵还是出奇兵，李世民仰赖的都是风驰电掣的骑兵。这使得唐军得以平定隋末割据势力，统一天下，直至横扫塞北。

· 热兵器时代，骑兵没有存在的意义了吗？

1860 年 9 月 21 日，清政府与英法联军在北京附近的八里桥决战。清朝出动了最精锐的六万大军，其中三万骑兵里还有蒙古骑兵，这是清朝的王牌。然而，英法联军的枪炮使得清朝骑兵不堪一击，全面溃败。英法联军攻入北京，圆明园被毁。

早在 1616 年，德国军事理论家冯·沃尔豪森就出版了《骑兵兵法》，手持火枪的骑兵概念已经出现。

敦煌莫高窟 156 窟《张议潮统军出行图》局部

壁画中唐军军容整肃，穿札甲，佩带胡禄，类似后来的轻骑兵。

近现代时期

现代社会中的蒙古族还能被称为“马背上的民族”吗？

有了汽车，草原还需要马吗？

骑马上学，骑马领证，高考考骑马，这些都是网络上盛传的蒙古族生活方式。很显然，一提到蒙古族，我们脑海里的第一印象就是骑马。

但实际情况是，随着现代化城市进程，草原千百年来“逐水草而牧”的习

惯正在发生重大转变。放弃了畜牧为生的牧民，融入了城市生活中，不再需要骑马出行。仍然从事畜牧的蒙古族，生活方式也在接受新的挑战。由于原先放牧方式落后，对草原植被的破坏性大，内蒙古草原甚至一度面临沙漠化的威胁。如今，传统的畜牧业饲养方式也在逐步向生态畜牧改变，例如：禁牧，就是把草场封起来禁止放牧，让它自然恢复；休牧，就是让一部分牧民几年内不放牧，腾出草场休养生息；轮牧，就是在几个草场轮流放牧，让草场有季节的休息；舍饲，是大部分牲畜在棚圈里饲养，不让天然放牧。

至于放牧的交通方式，除了骑马，有很多牧民开始习惯使用摩托车。更先进一些的牧民家，给牛羊装上了定位装置，在家用电子设备监控牧场情况，实现了“云放牧”。

摄影：崔永平

马，才是电影产生的原因？

这张骑马的照片，就是最早的电影吗？

仔细看下面这组照片，照片里的马和骑手、背景里的格子和数字，似乎都在告诉你，这不是一组寻常的照片。每一张和下一张之间，大概间隔了一两秒钟的时间。

的确，这是 1878 年，摄影师埃德沃德·迈布里奇（Eadweard Muybridge）拍摄的《骑手和奔马》（*The Horse in Motion*，1878）。

为什么想尽办法拍下这张照片？

其实，迈布里奇是受雇于美国大富翁斯坦福，才进行了这场耗时 6 年才成功的拍摄任务。斯坦福则是为了赢得加利福尼亚州长提出的打赌问题——动物在飞跑时，四条腿到底是不是同时离地？这场赌局的金额是 25000 美元，在 1872 年的时候无疑是一笔巨款！

怎么拍到这些照片的?

1872 年，摄影师还只能使用沉重的大木箱子内装置的湿版照相机，摄影师要把头伸到遮盖的布里面去聚焦。拍摄前，摄影师要将硝化棉溶于乙醚和酒精的混合液制得火棉胶，再把碘化钾溶于火棉胶后马上涂布在干净的玻璃上，装入照相机曝光，经显影、定影后得到一张玻璃底片。火棉胶调制后须立刻使用，干了以后就不再感光，所以这种摄影方法称为“湿版法”。

这么落后的设备，如何才能拍到奔跑的马每一步的姿势？迈布里奇前后失败了 6 年，1878 年，在反复调试各种设置后，总算拍到了这组照片。

这组照片给人类带来了什么?

看！第二、三张里的马，四蹄完全离地了！凭着这两张照片，斯坦福赢得了 25000 美元。

迈布里奇仔细研究照片之后发现：马只有在四条腿全部蜷缩在肚子下面的时候，才能四蹄同时离地；如果腿伸展张开，是不可能同时离地的。于是，他拿着照片去批评那些画奔马的画家，从此，西方油画界的奔马的姿势更科学了。

当然，迈布里奇可不是一个艺术批评家，后来他把这些照片放到一个在光源前面旋转的玻璃盘上，制作了人类历史上第一部“电影”（其实更应该说是小动画）——《骑手和奔马》。从此，迈布里奇被称为“动态影像之父”“电影之父”。

埃德沃德·迈布里奇

电影语言如何表现人与马的感情？

对于居住在城市中的我们而言，马似乎只存在于屏幕之上。但当我们看过一些影视作品后就会发觉，原来马是我们人类忠实的伙伴，心意相通、互相帮助的朋友。

有哪些表达人与马感情的佳片？

· 战场上，人与马共同浴血奋战的生死情

《战马》（美国 · 2011 年）

主角马乔伊在战争中与人类互帮互助，从一匹单纯的坐骑，变成了一位非凡的英雄。它不仅拉得动战场上的战地流动医院，还知道灵巧地躲避敌方士兵的追赶，甚至拉着巨大且沉重的大炮爬上山顶。最终，他与自己的小主人在战场上重逢，一起回到了家乡。

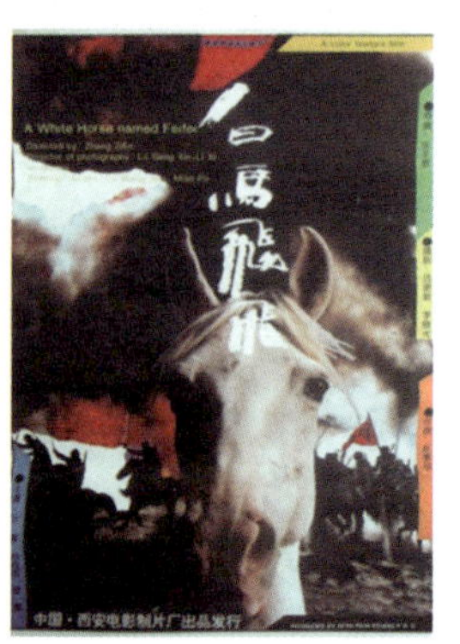

《白马飞飞》（中国 · 1996 年）

抗日战争时期，八路军某骑兵团戚连长在选购军马时与白马飞飞相识，成为朋友。飞飞机智敏捷，英勇善战，它追上坦克，使主人炸毁敌人坦克；当主人受伤落马，它设法找到并救助；当敌人袭来，它又引开敌人，掩护主人；当它被敌人俘虏后，暴虐的刑罚、优厚的待遇都无法令它屈服，最后飞飞绝食而亡。

· 家庭中，马与人彼此激励的家人亲情

《马语者》（美国 · 1998 年）

小姑娘格蕾丝和她的马朝圣者在一场意外中受伤，格蕾丝失去了右腿，朝圣者生命垂危。为了让格蕾丝重新振作起来，格蕾丝的母亲安妮发现必须先挽救朝圣者。于是她请来了为马治病的高手汤姆，在汤姆的照料下，朝圣者奇迹般地恢复了，格蕾丝也终于战胜了悲观和绝望，重新跃上了马背。

电影名为《马语者》，真的有人能听懂马说的话吗？还是说他能够以别的方式与马沟通？

《方糖》（韩国·2006年）

幼年丧母的诗恩与一匹叫雷鸣的马亲密无间。但诗恩的父亲不愿女儿走上赛马的道路，把雷鸣卖了。固执的诗恩没有放弃梦想，她也与雷鸣再次相遇。在诗恩的训练下，雷鸣具备了赛马的实力，赢得了一次次比赛。可在最后的比赛中，雷鸣的身体出现了异样。为了帮助诗恩实现梦想，雷鸣拼命赢下比赛，却也倒在了终点。

·马与人不断离别相聚，马的一生折射出时代变迁下人的历程

《黑骏马》（美国/英国·1994年）

“黑骏马”是一匹漂亮的优种黑马，从小生活在贵族人家，受过良好的训练，性格温顺、善良，而且聪明、机智，主人非常喜欢它。但是好景不长，主人家里有了变故，黑骏马不得不被卖掉。它一连被卖过多次，接触过各种人：有喝多了酒就拿马撒气的醉汉，有动辄抽鞭子的出租马车车夫，有不把动物当回事的野蛮人，也有把动物当成朋友的好人家。它尝尽了人间的甜酸苦辣，最后侥幸有了一个好的归宿。

本片改编自英国作家安娜·塞维尔的同名小说。

马和人之间，到底是怎样的情感？

马，为什么会走进人类的世界？

身为人，当我们意识到要争夺资源、利益的那一刻起，战争就产生了。所以，人类祖先驯养马匹的最初目的，就是驾驭它、驱使它，甚至奴役它。

无论地球哪一个角落，在人类可见的文明史中，马长期以来都被当作战争机器或装备，参与着人类发动的正义或非正义的战争。

马，无形中也参与推动了历史的进程。

所以，它们和我们之间，到底该如何相处呢？

泥马木马纸马竹马，老百姓怎么做了那么多马？

泥马——玩具

2002 年的生肖邮票上，绘有陕西省凤翔的民间工艺品泥塑马。凤翔彩绘泥塑是陕西省宝鸡市凤翔区的一种传统民间艺术，入选了中国第一批国家级非物质文化遗产名录。

木马——游戏

旋转木马，一种游乐场机动游戏，英文正式名称叫作“Carousel”，是由西班牙语中的Carosella转化而来的。这个词源自 12 世纪，当时的阿拉伯骑士们为了训练骑术对抗土耳其人，坐在一个从竿上垂下的篮筐中，然后对着虚拟的敌人，在来回颠簸的篮筐里面进行剑术练习。后来，这一训练道具演变成了旋转木马。

纸马——祭祀用

也叫甲马，古代祭祀天地神灵祖先时，在纸上画神像，涂上色彩，再画上一匹马的图样作为受祭者的坐骑，以便升天，所以叫作“纸马”。现在，云南大理等地还有烧纸马的风俗。

竹马——玩具

“郎骑竹马来，绕床弄青梅。”从李白《长干行》里的这句诗中，引申出了我们常用来形容男孩女孩之间美好童年情谊的词——青梅竹马。其实，竹马就是儿童游戏时当马骑的竹竿，有时候会做一个马头放在前端。

马头琴为什么是最蒙古的乐器？

中世纪手卷里的雷贝克琴（Rebec）

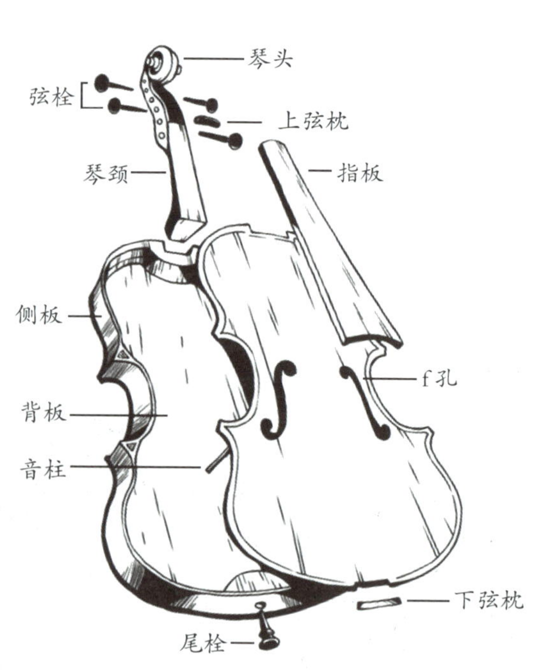

马头琴的名字怎么来的？

马头琴是蒙古民间拉弦乐器。蒙古语称“潮尔”。

相传有一牧人为怀念小马，取其腿骨为柱，头骨为筒，尾毛为弓弦，制成二弦琴，并按小马的模样雕刻了一个马头装在琴柄的顶部，因此得名。

现代的马头琴的前身，其实是元代的蒙古族乐器——弓弦潮尔。元代时期，科尔沁草原的宫廷音乐、婚丧嫁娶、那达慕大会、英雄史诗都需要用潮尔琴伴奏。当时演奏的时候，琴码上还要插一把蒙古刀，除了马头，那个时候也可以雕刻龙头、鸟头等造型。

马头琴、二胡、提琴，它们有没有关系？

它们都是弓弦乐器，外形上也确实看得出不少相似和不同之处，比如音箱的大小、形状和材质。

但是，无论马头琴、二胡还是提琴，好的弓弦都是马尾毛做的。

传统的马头琴与二胡一样，都是蒙皮面乐器。二胡一般蒙蛇皮，马头琴可以用蛇皮、牛皮、马皮，但是提琴是木质音箱的。现在，马头琴的音箱也模仿提琴，改为木制的了。

· 马头琴、二胡、提琴它们三者的音质差别很大，这是为什么呢？

有趣的是，马头琴和二胡曲中，都有模仿马儿嘶鸣的效果，惟妙惟肖。你听过吗？

你想象过小提琴模仿马嘶的声音吗？

据说诞生于意大利的小提琴，前身是从阿拉伯流传过去的 Rebec 琴。

所以，历史上的提琴、马头琴、二胡是否有着千丝万缕的关系？在什么时间，什么地方？

蒙古画《老故事》 1958 年 现藏于蒙古国国家美术馆

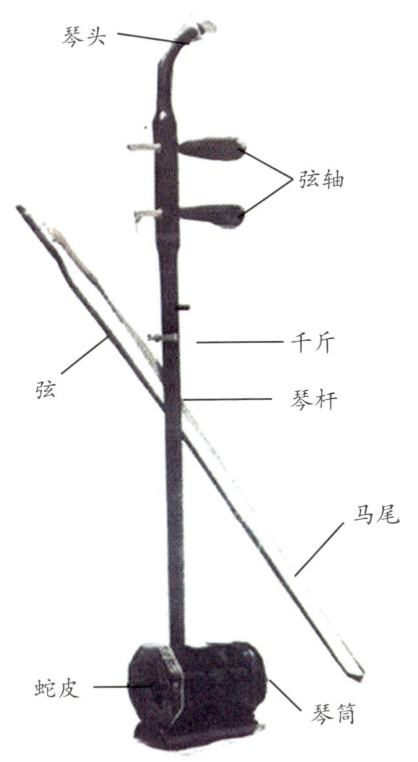

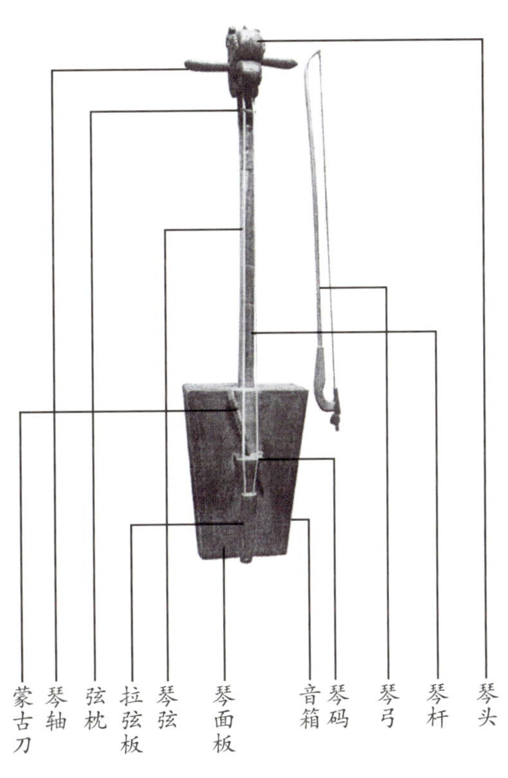

图书在版编目（CIP）数据

马 / 钱锋，林良徽主编 .—济南：济南出版社，
2021.10
（万物启蒙）
ISBN 978-7-5488-4802-8

Ⅰ．①马… Ⅱ．①钱… ②林… Ⅲ．①马-青少年读
物 Ⅳ．① Q959.843-49

中国版本图书馆 CIP 数据核字（2021）第 199271 号

出 版 人 / 崔　刚
责任编辑 / 李冰颖　姜海静
插　　图 / 王桃花
封面设计 / 刘　畅

出版发行 / 济南出版社
地　　址 / 济南市二环南路 1 号
网　　址 / www.jnpub.com
印　　刷 / 济南鲁艺彩印有限公司
版　　次 / 2021 年 10 月第 1 版
印　　次 / 2021 年 10 月第 1 次印刷
成品尺寸 / 210 mm × 270 mm　16 开
印　　张 / 7
字　　数 / 90 千
审 图 号 / GS（2021）5946 号
定　　价 / 48.00 元
（如有印装质量问题，请与印刷厂联系调换）